# 《博士后文库》编委会名单

主　任: 陈宜瑜

副主任: 詹文龙　李　扬

秘书长: 邱春雷

编　委: (按姓氏汉语拼音排序)

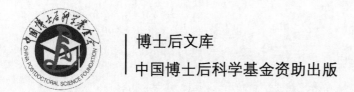

博士后文库

中国博士后科学基金资助出版

# 纳米流体流动与相间作用

董双岭 著

科学出版社

北京

# 内 容 简 介

　　本书对纳米流体流动传热和两相间的相互作用进行了重点论述,内容包括纳米流体的应用背景、制备方法和整体特性,纳米流体绕圆柱和通道内流动传热的数值模拟,纳米颗粒和流体之间主要作用的阻力和布朗力的模型改进,基于温度非线性分布的有效热导率的研究,与温度梯度剪切变化和颗粒旋转相关的热泳作用方式的提出和特征分析。

　　本书适用于流体力学、工程热物理和生物医学等相关专业研究生和高年级本科生阅读,也可供从事热能工程和太阳能研究的科研人员与工程技术人员参考。

**图书在版编目(CIP)数据**

纳米流体流动与相间作用/董双岭著. —北京: 科学出版社, 2016.7
(博士后文丛)
ISBN 978-7-03-049506-8

Ⅰ. ①纳… Ⅱ. ①董… Ⅲ. ①纳米材料-热物理性质 Ⅳ. ①TB383.3

中国版本图书馆 CIP 数据核字 (2016) 第 179309 号

责任编辑: 黄　敏　赵敬伟/责任校对: 邹慧卿
责任印制: 张　伟　/封面设计: 陈　敬

**科学出版社** 出版
北京东黄城根北街 16 号
邮政编码: 100717
http://www.sciencep.com

**北京凌奇印刷有限责任公司** 印刷
科学出版社发行　各地新华书店经销
\*

2016 年 8 月第　一　版　开本: 720×1000 B5
2016 年 10 月第二次印刷　印张: 8 1/4　插页: 4
字数: 150 000

POD定价: 68.00元
(如有印装质量问题,我社负责调换)

# 《博士后文库》序言

博士后制度已有一百多年的历史。世界上普遍认为，博士后研究经历不仅是博士们在取得博士学位后找到理想工作前的过渡阶段，而且也被看成是未来科学家职业生涯中必要的准备阶段。中国的博士后制度虽然起步晚，但已形成独具特色和相对独立、完善的人才培养和使用机制，成为造就高水平人才的重要途径，它已经并将继续为推进中国的科技教育事业和经济发展发挥越来越重要的作用。

中国博士后制度实施之初，国家就设立了博士后科学基金，专门资助博士后研究人员开展创新探索。与其他基金主要资助"项目"不同，博士后科学基金的资助目标是"人"，也就是通过评价博士后研究人员的创新能力给予基金资助。博士后科学基金针对博士后研究人员处于科研创新"黄金时期"的成长特点，通过竞争申请、独立使用基金，使博士后研究人员树立科研自信心，塑造独立科研人格。经过 30 年的发展，截至 2015 年底，博士后科学基金资助总额约 26.5 亿元人民币，资助博士后研究人员 5 万 3 千余人，约占博士后招收人数的 1/3。截至 2014 年底，在我国具有博士后经历的院士中，博士后科学基金资助获得者占 72.5%。博士后科学基金已成为激发博士后研究人员成才的一颗"金种子"。

在博士后科学基金的资助下，博士后研究人员取得了众多前沿的科研成果。将这些科研成果出版成书，既是对博士后研究人员创新能力的肯定，也可以激发站博士后研究人员开展创新研究的热情，同时也可以使博士后科研成果在更广范围内传播，更好地为社会所利用，进一步提高博士后科学基金的资助效益。

中国博士后科学基金会从 2013 年起实施博士后优秀学术专著出版资助工作。经专家评审，评选出博士后优秀学术著作，中国博士后科学基金会资助出版费用。专著由科学出版社出版，统一命名为《博士后文库》。

资助出版工作是中国博士后科学基金会"十二五"期间进行基金资助改革的一项重要举措，虽然刚刚起步，但是我们对它寄予厚望。希望通过这项工作，使博士后研究人员的创新成果能够更好地服务于国家创新驱动发展战略，服务于创新型国家的建设，也希望更多的博士后研究人员借助这颗"金种子"迅速成长为国家需要的创新型、复合型、战略型人才。

中国博士后科学基金会理事长

# 序

    纳米流体是近 20 年逐渐开发起来的新型功能流体。最初研究人员发现，添加少量的纳米颗粒会产生显著增强传热的效果。早期的研究主要集中在传热冷却系统，包括微电子器件和核反应堆系统等，后来发现由于纳米颗粒具有特别的光、磁等性质，还可用于太阳能集热和靶向药物治疗等专业领域。为了更好地发挥纳米流体的优异性能，非常需要对纳米流体的流动传热过程有深入的理解和认识，尤其是颗粒与流体之间的相互作用方式。

    该书从纳米流体的应用背景和基本概念出发，介绍了纳米流体的制备手段和基本特性，然后展示了作者对纳米流体流动传热的数值模拟和理论建模工作，包括给出了改进的阻力和布朗力的表达式。对于有效热导率的分析和建模，提出与温度梯度变化相关的热泳作用方式。该书对于提高纳米流体的传热性能，以及冷却系统和新能源的开发利用，具有一定的理论和实际指导意义。

    该书作者本科毕业于天津大学，后被保送到北京航空航天大学国家计算流体力学实验室攻读博士学位，后来在北京科技大学和清华大学做了两站博士后，对科研有着浓厚的兴趣和执着的追求。该书归纳整理了作者近几年相应的一些研究成果。相信该书的出版将有助于推进纳米颗粒两相流的理论发展和工程应用。

2016 年 1 月

# 前　言

纳米科技是近 30 年逐渐发展起来的新型交叉领域。纳米微粒是指尺寸介于 1 ～ 100nm 的金属或聚合物的小颗粒，它们表现出多种独特的热、光、电、磁等性质。随着高效传热冷却技术的发展，研究者提出了一种新型的换热工质即纳米流体。纳米流体一般指纳米粒子的胶体悬浮液。目前纳米流体的添加物主要有金属和非金属纳米粒子、碳纳米管以及纳米液滴，基液主要采用水、乙二醇、油等常用的传热流体。

事实上，纳米流体介质在航空航天、能源动力、机械电子、生物医学等领域都有广阔的应用前景。具体地，纳米流体可以应用在不同的系统中，比如在发动机冷却系统、太阳能热水器、电子器件冷却、核反应堆系统和航天器热控制系统等，当然，实际应用中也会遇到一些困难，比如粒子的稳定性、悬浮粒子团聚、整体粘性增加、压降变大等都是有待解决的问题。

纳米颗粒在流体中受到的主要作用力包括阻力、布朗力、热泳力和 Saffman 升力等。由于单个颗粒在流体中的布朗运动比较复杂，颗粒与流体、多颗粒之间的相互作用，在具有温度梯度和速度剪切特征的流体中，颗粒的运动会更复杂，纳米流体会呈现出很多不同于传统固液两相流的特殊现象，比如流体中粒子团聚、布朗运动、表面吸附等都有待开展进一步深入的研究。研究纳米流体流动和传热的复杂过程以及粒子迁移、团聚等的运动学特征和动力学机理，对新的强化传热技术的开发等都具有非常重要的意义。

针对上述纳米流体研究的相关科学问题，作者近几年逐步开展了相应的研究工作，取得了一些富有特色的成果。本书整理归纳了作者近些年的研究内容，同时简要介绍了其他研究者的部分学术成果。希望本书能推动纳米流体理论和应用研究进一步发展。

本书由 6 章组成。第 1 章介绍了纳米流体的应用背景和前人的研究成果，并对相关的流体绕流和热泳现象进行了概述。第 2 章首先阐述了纳米流体的概念、制备手段和基本特性，然后对纳米流体绕流进行了数值模拟。第 3 章对通道中的纳米流体流动分别采用单相和离散相模型进行了计算，考察了粒子运动和流场变化的关系。第 4 章针对纳米流体中颗粒与流体间的主要作用方式，提出了新的阻力和布朗力的表达式，并用于钝体绕流的研究。第 5 章从广义非线性的温度分布出发，结合布朗运动效应，对纳米流体热导率的模型进行了改进。第 6 章基于流体中温度梯度的剪切变化和颗粒的旋转运动特征，提出了颗粒会受到热泳升力和热泳张力的观点，并结合实际例子进行了验证。

作者衷心感谢中国博士后科学基金的特别资助和面上资助 (No. 2015T80082, 2014M560967) 以及国家自然科学基金青年基金项目 (No. 51406098) 的资助。作者在纳米流体相关领域的研究工作得到博士后合作导师的大力支持，作者的博士生导师帮助作者在计算流体力学方面打下了坚实的基础，在此致以深深的谢意，还有课题组的老师和研究生们，在此一并致谢。

由于时间和水平有限，书中难免有不足之处，欢迎读者专家提出宝贵意见和批评指正。

董双岭

2016 年 1 月

# 目　　录

# 第1章 绪 论

## 1.1 研究概述

### 1.1.1 纳米流体绕流的分析

纳米微粒是指尺寸介于 $1 \sim 100nm$ 的金属或聚合物的小颗粒，它们表现出多种独特的热、光、电、磁等性质。纳米流体指纳米尺度粒子的胶体悬浮液，在航空航天、能源动力、机械电子、生物医学等领域都具有潜在的应用前景。在新一代高效传热冷却技术的研究等很多领域都涉及纳米流体介质的流动问题。很多研究表明纳米流体在流动过程中呈现很多特殊现象，如流体中粒子团聚、无规行走、表面吸附等都有待开展更深入的研究。研究纳米流体流动和传热的复杂过程以及粒子迁移、团聚等的运动学特征和动力学机理，对新的强化传热技术的开发等都具有非常重要的作用。

目前纳米流体的添加物主要有金属和非金属纳米粒子、碳纳米管以及纳米液滴。基液主要采用水、乙二醇、油等常用的传热流体。高热导率的金属纳米颗粒的加入增加了悬浮液混合物的热导率，从而可以提高其整体的传热性能。大量的实验研究表明，在流体中添加纳米粒子，由纳米流体替代传统的冷却剂具有一定的发展前途。Lee 等[1] 研究了纳米流体的热导率特征，并分析了已提出的各种模型与实验数据之间的差异。Wang 等[2] 总结了以前的研究中纳米流体热传导的主要潜在机制，给出了他们的实验数据，并认为导热系数提高的关键因素在于纳米团聚。Mahian 等[3] 研究了太阳能工程中纳米流体的应用，并讨论了纳米流体对太阳能设备性能的影响。

国内外相继出版了几部关于纳米流体的专著[4,5]。宣益民和李强[4] 系统地总结了国内外一些研究小组在纳米流体及其应用基础方面的研究工作，详细介绍了纳米流体流动与能量质量传递的理论和实验研究方法，重点阐述了纳米流体聚集结构与纳米粒子微运动效应对纳米流体能量质量传递过程的作用机制，并概述了纳米流体在新型高效散热冷却和节能技术等领域的应用研究进展。关于纳米粒子悬浮液的研究近期有一些综述性的文献，如关于热物理性质[6-9]，稳定性特征[10]，导热的模型[11] 以及在太阳能工程中的应用[12]。Wang 和 Mujumdar[13] 总结了关于各种纳米流体的传热性能的理论和数值研究，综合比较了不同研究者给出的导热系数、粘性系数和努塞尔数的函数关联式。Saidura 等[14] 对纳米流体在不同系统中的具体应用做了系统的介绍, 如发动机冷却系统、太阳能热水器、电子器件冷却、核反应堆系统和航天器热控制系统等, 同时, 还指出了应用中所遇到的一些困难, 比如悬浮粒子的稳定性、粒子团聚、粘性增加、压降变大等都限制了纳米流体在实际中的应用。纳米材料奇异的物理性质决定了纳米流体与微米和毫米级粒子悬浮液的不同, 经典的传热学理论不再适用于纳米流体。对此, 很多研究者进行了大量的研究, 重点集中在纳米流体热物性方面的描述。大量实验研究表明, 纳米结构可以很好地增强纳米流体的热输运。然而如 Kleinstreuer 等[15] 指出的, 关于导热系数的实验数据缺乏一致性, 需要考虑不只有一种可能的机制, 而是结合几种机制解释比较实验结果。Wang 等[16] 从粒子团聚和布朗运动引起的微对流解释了纳米流体的导热机制, 发现热导率随粒子尺寸的增加而减小, 而与颗粒体积分数基本呈线性增长的关系。李强[17] 和胡卫峰等[18] 认为添加固体颗粒会引起基础流体结构的改变, 从而增强悬浮液内的热量输运过程, 使得热导率增加。粒子在纳米流体中作布朗运动的过程中, 伴随着其所携带的热量迁移, 这部分由粒子引起的能量转移很大程度上提高了纳米流体内的能量输运性能。楚广等[19] 采用自悬浮定向流法制备铜纳米微粒, 分析了该定向流法制备颗粒的微观结构和性能, 主要针对纳米铜微晶的粒度、结构和形貌进行了研究。彭小飞等[20] 测量了纳米颗粒悬浮液的热物性, 考察了纳米流体有效热导率的理论模型, 分析了粒子尺寸、体积分数、流体温度以及表面活性剂等因素对热导率的影响。吴信宇等[21] 研究了梯形硅基芯片微通道内纳米流体的对流与传热特性, 发现当流体平均温度升高时纳米流体的强化传热效果有所增强, 并且根据实验数据获得了对流传热关联式。正如许多研究者指出的, 纳米流体强化传热的确切机制还不是完全明晰。未来需要研究的重点之一在于找出影响纳米流体物性特征的主要参数。比如纳米流体热导率可以是一些参数的函数关联式, 包括颗粒形状、颗粒团聚、颗粒分散度等。

采用纳米流体作为传热工质的微通道冷却器是一种非常有潜在应用前景的高效冷却散热技术。由于微流动系统具有尺寸小、响应快、精度高和成本低等特点, 它被广泛应用于微机电系统、生物芯片、微型机器人、微型飞行器等各个方面。微流动是指流体在流动过程中至少有一个特征尺寸是在微米级或亚微米级的流动。为了表征这一特点, 通常采用无量纲的克努森数 ($Kn$) 来表达, 它被定义为分子平均自由程与流动特征尺寸之比。当 $Kn$ 较大时, 必须考虑到微流动在小尺寸时引起的特殊效应。这些特殊效应主要有: 稀薄效应、不连续效应、表面优势效应、低雷诺数 ($Re$) 效应、多尺度多物态效应等。相应地, 微流体的驱动和控制与常规宏观流体有很大的区别[22], 这主要是由于当尺度降低时, 流体的运动性质发生了改变, 会引起层流效应和表面张力效应。微尺度流动还涉及增强扩散和快速热传导效应等复杂的流动和传热现象, 这些改变使得适于驱动与控制宏观流体的技术不能简单地用于微流体中。实现微流控的技术手段更为多样和复杂。适当调控微尺度下液体的流动形态,可提高微流动系统的效率,改善微流动系统的结构,从而推动微流动系统更为广泛的应用。

随着微型全分析系统的微型化、集成度以及相应设备的热流密度越来越高,对于其中微通道性能的要求也越来越高。微通道内的流动和换热特性,成为制约其发展的主要因素。因此,针对其机理的研究是目前关于微流动系统研究的主要方向之一。微流动与常规流动的另外区别在于,由于器件的几何尺寸很小,与之相接触的气体或液体产生的摩擦、静电力和粘性等影响就变得尤为重要。在微尺度流动系统中,随着流场特征尺寸的减小,传统的无滑移边界条件首先失效,而 Navier-Stokes 方程仍然适用,若流场尺寸进一步减小,流动就会远离热力学平衡状态[23]。因此,研究流体在微通道中的流动特性具有很重要的意义。

另一方面,作为流体力学中的经典问题之一,圆柱绕流过程中的复杂流动现象和机理并没有完全理解,也未建立完整的理论模型,所以很多研究人员仍在关注。尽管几何形状非常简单,圆柱绕流却能发生非定常流动分离、旋涡的脱落、边界层向湍流的转捩等流动过程,另外还涉及尾迹的不稳定性、自由剪切层与旋涡之间的相互作用等重要流动机理。由于大量的工程结构,包括高层建筑、大跨度桥梁以及海底管线等都属于类似圆柱的钝体,它们近尾迹内的旋涡交替发生脱落,会诱发非定常载荷,产生结构的振动和噪声等问题。因此研究圆柱绕流具有重要的理论价值和实际意义。

关于圆柱绕流,从冯·卡门的开创性研究到目前为止,报道的结果成千上万,包括大量的理论分析、实验测量和模拟的结果,其中有许多综述性文章,来总结该领域的研究工作[24-35]。圆柱绕流的流动状态与雷诺数 $Re = UD/\nu$ 密切相关,其中 $U$ 代表来流速度,$D$ 为圆柱直径,$\nu$ 表示流体的运动粘性系数。绕流尾迹的非定常特征可以用无量纲的斯托罗哈数 $St = fD/U$ 来表征,其中 $f$ 代表旋涡脱落频率。Norberg[36] 综合了不同的 $St$ -$Re$ 关系曲线,如图 1.1 所示。

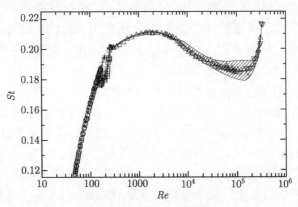

图 1.1 斯托罗哈数与雷诺数的关系 [36]

随着流动雷诺数的增加，圆柱绕流的过程大体要经历八个状态[24]。从定常对称涡[37,38]、周期涡脱落[39]、三维尾迹转捩[40]、三维细尺度无序性增强[41,42] 到剪切层转捩[43]、非对称再附[44,45]、对称再附[44]、边界层发生转捩进而重新建立湍流涡街[46]。关于圆柱尾迹中涡街的形成机制，大概可以用四种模式来解释[47]。它们包括上下剪切层的相互作用[48-50]，尾迹的瞬时开放[51]、二次涡的振荡[52] 以及近尾迹的绝对不稳定性[31]，还有人认为涡脱落源于旋涡的相互作用[53] 或是自由流的横向冲击[54]。另外，研究者总结和发展了相应的涡识别方法或准则[55-57]，比如采用压力、迹线或流线，以及基于速度梯度的 $\lambda_2$ 准则等。

关于圆柱绕流已经开展了大量的数值模拟研究[58-64]。计算的控制方程采用原始速度和压力变量的为主，离散的方法除了谱元法[65,66]、有限元法[67]，还包括有限体积法[68] 等。这些数值模拟[36] 不仅能得到作用力和速度等随时间变化的变量，还有助于理解流动机理，比如分析影响尾迹向三维转捩的决定因素[24]。

如上所述，绕圆柱的流动与传热是流体力学中的一个经典问题，其机理至今没有完全明晰，这个问题同时具有广泛的工程应用价值。随着流动 $Re$ 的增加，圆柱尾缘的定常附着涡开始振荡，近尾迹中涡交替向下游尾迹脱落[69]，形成卡门涡街。继续增加 $Re$，尾迹呈现出一些三维特征，远场尾迹中的波之间也会发生相互作用[70]。通过质量、动量和能量守恒原理，可以建立 $St$，$Re$ 和尾迹几何参数间的联系[71]。Zhang 等[72] 研究了圆柱周围的对流传热过程。Valipour 和 Ghadi[73] 研究了纳米流体对低 $Re$ 圆柱流动和传热的影响，详细考察了回流区长度、压力系数等流动参数与普通流体的区别，但主要是针对定常流动的情况。Sarkar 等[74] 考察了非定常周期流动的情况并分析了纳米粒子对流动稳定性的影响。

纳米流体在宏观上接近于流体，微观上具有明显的两相特征，即含有不连续的两相流动与传热，而又有别于传统的两相流。关于纳米流体流动的研究，已有大量的实验和数值模拟工作[75-77]。对于纳米流体的计算大体分为单相、两相模型。单相模型，即假设流体相与纳米粒子速度、温度相同，该模型常用于理论研究。考虑到实际流体与纳米粒子间存在相对速度，粒子的随机运动以及引起的微流动，可用欧拉-欧拉双流体模型，或欧拉-拉格朗日方法，即粒子运动轨迹的拉格朗日表示与流场的欧拉描述相结合的方式进行模拟。

很多研究者模拟了各种形状容器内的自然对流，包括方形[78]、三角形[79]、U形腔[80] 内的自然对流。对于外流，Zhang 等[81] 用浸入边界法模拟了绕圆柱的对流换热过程。Valipour 和 Ghadi[82] 分析了低雷诺数纳米流体定常圆柱绕流的情况，研究发现，随着纳米颗粒的加入，绕圆柱壁面的涡量、压力系数和回流区的长度都增加了。针对非定常的情况，Sarkar 等进行了研究[83]，模拟发现纳米颗粒的存在具有平衡浮力的效应，从而起到稳定流动的作用。Etminan-Farooji 等[84] 模拟了绕方柱的传热过程，他们指出对于某些粒径，存在强化传热的颗粒浓度最佳值。然而，他们采用的都是单相流模型，这不能真实反映粒子与流体之间的相互作用，尤其是有非定常旋涡的情况。

Rana 和 Bhargava[85] 用有限元方法计算了颗粒为球形和圆柱形纳米流体绕含热源/汇的垂直板的混合对流强化传热，并对含有不同颗粒材料的纳米流体的 $Nu$ 进行了比较。Saleh 等[86] 用有限差分法计算了梯形密闭容器内纳米流体的自然对流，发现坡度陡的侧壁有利于强化传热，并给出了平均 $Nu$ 数关于导热系数和粘性系数等参数的函数关系式。Lotfi 等[87] 用有限体积法对纳米流体强迫对流换热的数值研究，并对单相和两相混合模型进行了比较。Sun 等[88] 用分子动力学的方法模拟了高剪切率库埃特流中纳米流体有效导热率，并指出剪切流动有序的流体结构不是引起剪切纳米流体导热增强的原因。近年来发展迅速的格子玻尔兹曼方法被广泛应用于能源、材料、生命科学等领域。在将格子玻尔兹曼方法应用于多相流的过程中，需要考虑各相相互作用的处理。对于同时求解流体速度场和温度场的情况，一般采用双分布函数的格子玻尔兹曼热模型。Xuan 等[89] 用粒子温度分布函数，建立了纳米流体格子玻尔兹曼热模型的分布碰撞和迁移关系。Zhou 等[90] 提出一种纳米流体流动与能量传递的过程的多尺度耦合分析模型，在部分区域使用细网格多相模型，考虑纳米流体的两相特征和粒子间的相互作用，而在其他区域使用粗网格单相模型，将纳米流体视为均匀混合的单相流体。

Kondaraju 等[91] 通过欧拉 - 拉格朗日方法数值模拟了铜和氧化铝纳米流体在湍流条件下的对流传热。计算中考虑了纳米材料、纳米粒子大小和体积分数的影响。结果表明流体和粒子间的双向热交换对纳米流体强化对流换热有显著影响，而粒子扩散的影响很小。随后他们分析了初始粒子分布对纳米流体有效热导率的影响[92]，结果发现，纳米流体热导率数据的偏差主要源于多分散纳米颗粒的非均匀性。Wen 等[93] 在计算纳米粒子运动时考虑了各种作用力，包括摩擦阻力、压差阻力、布朗力、热泳力、Saffman 升力、虚拟质量力等，指出粒子的浓度沿管道横截面分布并不均匀，中心处最高向壁面逐渐降低。Tahir 和 Mital[94] 用离散相模型模拟了氧化铝 - 水纳米流体在圆管内的流动，计算得到的平均传热系数随雷诺数和体积分数的提高呈线性增加，随着粒子尺寸的增加呈抛物型减少。如同很多研究者一样，他们在计算粒子运动时，作用力使用的均是传统的阻力、布朗力和热泳力模型，这和实际有些差距。Uma 等[95] 考察了单个纳米粒子在不可压牛顿流中的布朗运动，计算结果与理论和实验符合得较好，并认为能量均分定理适用于一定低雷诺数泊肃叶流中运动的布朗粒子。Heyhat 和 Kowsary[96] 加入了由体积分数表示的纳米粒子的连续性方程，用类似单相流模型的方法计算纳米流体，考察了粒子分布不均匀对壁面剪切力和传热系数的影响。模拟结果表明，通过考虑粒子的迁移，壁面传热系数增加，而剪切力有所下降。然而在计算粒子体积分数方程时只考虑了布朗力和热泳力的影响。林晓辉等[97] 基于 Fokker-Planck 方程与流体动量方程，建立了圆管内的两相流模型，与以往的模型相比较，该模型没有引入任何唯象参数。但对于纳米粒子之间相互作用考虑的是碰撞效应，而不是与实际符合的团聚现象。另外，他们没有计算能量方程。

## 1.1.2　两相间的主要作用力模型

公元 1827 年，英国植物学家罗伯特–布朗在显微镜下观察到花粉颗粒在水中持续进行无规则的运动[98]，后来把悬浮微粒的这种运动叫做布朗运动。后来的研究者明确地地把布朗运动看作液体分子撞击微粒的结果。1905 年，爱因斯坦[99] 结合扩散理论和流体力学方法，建立了布朗运动的统计理论。爱因斯坦的理论表明均方位移（MSD）随着时间呈线性增长，即 $\overline{(\Delta x)^2} = 2Dt$，$D$ 为粒子扩散系数。自布朗发现该无规则运动之后，经过几十年的研究，人们逐渐给出了关于它的正确的解释。到 20 世纪初，先是理论分析，然后是实验研究使得这个问题得到比较圆满的解决，并测得了阿伏加德罗常数，这间接地证实了分子的无规则热运动，也就直观地证实了分子存在的真实性。后来 Langevin[100] 从 Stokes 定律出发，给出了描述统计无规运动的 "朗之万方程"，并运用 "平均" 和 "涨落" 的观点，计算了布朗粒子相对初始位置的均方位移。若用朗之万方程 $m\dfrac{\mathrm{d}\boldsymbol{V}}{\mathrm{d}t} = -\alpha\boldsymbol{V} + \xi(t)$ 描述布朗粒子的运动，则认为粒子是在有规则力和无规布朗力的共同作用下运动的。由朗之万方程可得粒子在流体中的运动弛豫时间 $\tau_p = m/\alpha$，该时间代表流体粘性主导的正常扩散和粒子惯性主导的弹道扩散的分界时间尺度。理论结果表明，当运动时间小于粒子特征时间 $\tau_p$ 时均方位移接近 $\overline{(\Delta x)^2} = \dfrac{k_B T}{m}t^2$，而在较大的时间范围上呈现线性增长方式 $\overline{(\Delta x)^2} = 2Dt$，这里 $m$ 是粒子质量，$\alpha$ 是 Stokes 阻力系数。

统计力学中的能量均分定理认为，一个微观粒子的动能只与温度有关，而与其质量和大小无关。爱因斯坦曾预言，由于布朗运动过程中，微观粒子的频繁激烈碰撞会引起颗粒的运动方向和速度持续发生变化。布朗运动中颗粒的瞬时速度将无法测量，难以直接证实能量均分定理适于布朗颗粒。随着布朗运动研究的深入开展，越来越多的实验表明布朗粒子的行为与爱因斯坦最初的假设不同。之后研究者在实验室中跟踪布朗粒子的测量精度可以达到微秒和纳米的量级。科学家们也发现生物体中单元的很多基本过程可以用布朗运动来描述。事实上，布朗运动要比理想的无规则行走复杂得多，实验结果揭示了实际控制布朗运动的方程与经典的理论有偏离。鉴于布朗无规则运动的复杂性，对其进行直接的测量要求更高的时间、空间精度。Li 等[101] 首次测量出直径为 $3\mu m$ 的玻璃珠在空气中做布朗运动的瞬时速度，得到的均方根速度接近 0.5mm/s。该实验证实了麦克斯韦 - 玻尔兹曼速度分布和能量均分定理适用于布朗运动。之后，Huang 等[102] 测得玻璃微珠在水中的瞬时速度，直径为 $1\mu m$ 和 $2.5\mu m$，实验的时间分辨率为 10ns，空间分辨率为

20pm（小于氢原子的半径），测得的均方根速度约为 2mm/s。求解布朗运动的数值模拟主要有布朗动力学、分子动力学和蒙特卡罗方法。布朗动力学采用广义的朗之万方程模拟粒子的运动轨迹。后两种方法基于分子模拟的结果，因此需要花费较长时间。布朗动力学则是将流体的阻力与热扰动力（或称布朗力），直接放在牛顿第二运动定律中求解粒子运动方程，因而可以加快模拟速度。关于布朗力的模型，这种热动力被假设为随机的，可用高斯白噪声的过程来模拟[103]，比如目前广泛应用的布朗力表达式是由 Li 和 Ahmadi 提出的[104]。然而，实际中被排开的流体会反作用于粒子，即水动力具有 "记忆" 效应，热扰动力具有彩色噪声谱的性质。Franosch 等[105] 测量了微球在强光阱中的布朗运动，结果证实了存在这种彩色噪声谱。对于更小量级的粒子，布朗运动的速度变化要快得多，观测其瞬时速度对仪器的时间、空间分辨率要求要高很多。

单个球形粒子以一定常的平移速度在流体中运动时，可以求解 Stokes 方程得到一个很漂亮的解析解，由此求出球受到的阻力。该力与球运动速度成正比，比例系数是 $3\pi\mu d_p$，这就是著名的 Stokes 阻力定律[106]。它适用于 $Re < 0.5$ 的低雷诺数流动，也就是粘性效应占主导、没有流动分离的情形。如果考虑流体惯性弱非线性的影响，则可以通过奇异摄动的办法，得到二级和更高级的近似。Stokes 的阻力公式，适用于极端稀释的胶体粒子体系。该公式在颗粒两相流研究中经常被采用，尽管它同实际的阻力相差很多。实验表明，当粒子的体积分数小于 2% 时，可以用双球模型的稀悬浮来近似。人们考虑了双球的各种相互作用，比如双球间的范德瓦耳斯分子引力势，荷电双球的库仑静电斥力或引力势，双球之间的流体动力相互作用等。由于悬浮粒子布朗运动的随机特征，更容易用统计理论的方法来描述，然而会遇到求解对分布方程和积分不收敛两个难题。Batchelor 创造性地运用一种重整化理论方法使两项发散积分收敛，得到阻力的增加量与体积分数的一次方成正比，系数为 6.55，并指出阻力的加大主要源于相邻粒子引起周围流体的反向回流。而后他们解决了求双粒子统计对分布方程的难题，建立了多分散粒子体系的统计理论[107]。实际上，该理论没有考虑粒子间相互作用势的影响，并且是一种极限理论，因而和实际有一定差距。

当粒子体积分数大于 $10^{-3}$ 时，粒子间距相对粒子直径的比 $L/d_p < 8$，此时粒子之间以及与流体的耦合作用变得明显，两相流表现为稠密流态，可以用比如统计的方法得出对 Stokes 阻力公式的修正[108]。为了能预测多个粒子流体动力相互作用下，流体对参考粒子的阻力，很多研究者用实验的方法进行了研究，并归纳出计算阻力的经验公式[50]。然而由于流动的条件和颗粒等因素不尽相同，阻力公式也不统一。

纳米颗粒与水分子之间的吸附可以看作一种特别的反应，即形成了不易移动的活化络合物，液体被吸附后失去了一个自由度，薄液层的厚度与吸附液体的化学势及其压力密切相关。对于低浓度悬浮液中粒子对液体的单分子层吸附，目前认为表面被吸附分子为六方密堆积排列方式。这种纳米层的厚度、微观结构以及物理化学性质，高度依赖于悬浮的纳米粒子、基液和它们之间的相互作用。对于可压缩流体，界面层处密度较外部普通流体要大[109]。很多研究表明，典型的类固体界面层大概有 1~5 个分子厚度[110]，即约为 1nm。目前没有确切的理论模型用来确定纳米粒子-液体界面间纳米层的厚度。基于界面处的电子密度分布，可以建立一个模型描述界面层厚度，如 $H = \sqrt{2\pi}\sigma$，其中 $\sigma$ 是一个表征界面扩散性的特征参数，其典型值在 0.2~0.8nm[111]。还可以通过分子动力学的方法模拟纳米粒子，通过数据拟合得到界面层厚度的近似表达式。

由于有序排列的液体分子处于中间，晶体状的纳米层表现为固体与液体之间的物理状态，对于液体层的特性需要进行更详细的研究。例如，液体层中分子的结构，特殊的力学性能，该层相对纳米粒子的运动，液体层的热导率等，可以分析液体层对粒子、流体间导热和作用力的贡献，进而考察其对纳米流体流动和传热的作用特征。目前关于纳米粒子薄液层的研究主要集中在对它对纳米流体导热性能的影响。

### 1.1.3　纳米流体的导热模型

通过把具有高热导率的纳米粒子加入基础流体如导热油和水中可以制备纳米流体。作为新一代的传热工质，纳米颗粒悬浮液，在航空航天、能源动力、机械电子、生物医学等领域都具有潜在的应用前景。关于纳米粒子悬浮液的研究已有一些综述性的文献，如关于热物理性质[112]、稳定性特征[113]、导热的模型[114] 以及在太阳能工程中的应用[115]。Wang 和 Mujumdar[116] 总结了关于各种纳米流体的传热性能的理论和数值研究，综合比较了不同研究者给出的导热系数、粘性系数和努塞尔数的函数关联式。Vajjha 和 Das[117] 研究了温度和体积分数对于纳米流体传热性能的影响，分析了目前常用的热导率公式。Fan 和 Wang[118] 展示了关于热导率的实验数据和理论模型。详细分析了导热增强贡献的主要四个方面，粒子吸附薄液层、粒子团聚、布朗运动及其引起的微对流。

关于粒径对有效热导率影响的理论预测，文献中已经提出了大量的模型。表 1.1 列出了含有粒径参数的不同理论关联式。考虑到布朗运动引起的对流效应，Prasher[119] 发展了含有由实验确定的纳米颗粒 Boit 数的半经验模型。考虑到纳米颗粒尺寸的分形分布特征，Xu 等[120] 给出了另一模型预测纳米流体的热导率。提出的分形模型表达为纳米颗粒的平均尺寸的函数，并包含了纳米颗粒和流体之间的热对流的因素。考虑到界面热阻效应，Jang 和 Choi[121] 提出由基础流体分子的直径和一经验常数表达的模型，它非常适用于含有金属纳米颗粒或纳米管的纳米流体。基于 Koo 和 Kleinstreuer[122] 的模型，Vajjha 和 Das[123] 推导出了氧化铜、氧化铝、氧化锌和氧化硅纳米颗粒纳米流体与的函数关系式。考虑吸附在颗粒上的界面层，Rizvi 等[124] 推导出确定纳米流体热导率的一个简单表达式。他们分析了溶剂对有效的热导率的作用，并与前人模型的预测进行了比较。另外，在上述的调查，粒径的影响主要体现在布朗运动效应或与薄液层的厚度相关。实际上，这并不能反映粒径效应影响的特征，特别是当没有布朗运动而且薄液层吸附在相对较大的颗粒上时。

表 1.1　不同研究者提出的热导率的预测模型

| 研究者 | 理论模型 |
| --- | --- |
| Prasher 等[119] | $k_e = (1 + ARe^m Pr^{0.333}\varphi)\dfrac{2k_f + (1+2Bi)k_p + 2\varphi[(1-Bi)k_p - k_f]}{2k_f + (1+2Bi)k_p - \varphi[(1-Bi)k_p - k_f]}k_f$ <br> $Re = \dfrac{1}{\nu}\sqrt{\dfrac{18k_B T}{\pi \rho_p d_p}}$ |
| Xu 等[120] | $\dfrac{k_e}{k_f} = \dfrac{k_p + 2k_f - 2\varphi(k_f - k_s)}{k_p + 2k_f + \varphi(k_f - k_s)} + c\dfrac{Nu_p d_f}{Pr}\dfrac{(2-D_f)D_f}{(1-D_f)^2}$ <br> $\dfrac{\left[(d_{\max}/d_{\min})^{1-D_f} - 1\right]}{\left[(d_{\max}/d_{\min})^{2-D_f} - 1\right]}\dfrac{1}{d_p}$ |
| Jang 和 Choi[121] | $k_e = k_f(1-\varphi) + c_1 k_p \varphi + c_2 \dfrac{d_m}{d_p} k_f Re^2 Pr_f$ |
| Vajjha 和 Das[123] | $k_e = \dfrac{2k_f + k_p + 2\varphi(k_p - k_f)}{2k_f + k_p - \varphi(k_p - k_f)}k_f + 5\times 10^4 \alpha\varphi\rho_f C_{pf}\sqrt{\dfrac{\kappa T}{\rho_p d_p}}f(T,\varphi)$ <br> $f(T,\varphi) = (2.8217\times 10^{-2}\varphi + 3.917\times 10^{-3})\dfrac{T}{T_0} - 3.0669\times 10^{-2}\varphi$ <br> $\qquad - 3.9112\times 10^{-3}$ |
| Rizvi 等[124] | $\dfrac{k_e - k_f}{2k_e + k_f} = \dfrac{\upsilon}{\upsilon - \tau}\dfrac{(k_e - k_l)(2k_l + k_p) - \tau(k_p - k_l)(2k_l + k_e)}{(2k_e + k_l)(2k_l + k_p) + 2\tau(k_p - k_l)(k_l - k_e)}$ <br> $k_l = \dfrac{t}{r_p(r_p + t)\left[A\ln\left(1 + \dfrac{t}{r_p}\right) + \dfrac{Bt}{r_p(r_p + t)} - \dfrac{C}{\lambda}\ln\left(1 - \dfrac{\lambda t}{k_p}\right)\right]}$ |

　　影响纳米颗粒导热的另一主要因素是颗粒的布朗运动。布朗运动是悬浮微粒在水中不断进行的无规则运动，它来源于液体分子的持续撞击。理论上，爱因斯坦[99] 首次给出了描述布朗运动的统计理论，后来 Langevin[100] 建立了描述该运动的"朗之万方程"。一百年后，Li 等[101] 首次通过实验测量微米量级玻璃珠的瞬时布朗运动速度，证实了麦克斯韦 - 玻尔兹曼速度分布的适用性。作用在颗粒上的布朗力可用高斯白噪声的过程来模拟[103]。而实际上，由于被排开流体的反作用，布朗运动具有彩色噪声谱的性质[105]。纳米流体中经历布朗运动的多个粒子之间的相互作用增加了它的运动复杂性[119]。粒子布朗运动本身以及它引起的周围流体的微

对流加速了纳米流体的整体传热过程。很多研究者给出了布朗运动相关动态导热的模型,比如表 1.1 中的前四个模型中的最后一项,它们都源于布朗运动引起的颗粒附近流体的微对流作用。然而,由于布朗运动的复杂性以及颗粒与流体之间的相互作用使得准确估计它对热导率的贡献非常困难。

### 1.1.4　热泳和热泳作用力

当存在较大的温度梯度时,流体中的微纳粒子会被驱动,此现象称为热泳。热泳有利于实现微纳颗粒的捕捉和操控,还可以应用到胶态晶体生长等许多重要领域。热泳现象,又称为 Soret 效应,目前发现的主要有气体、液体和固体热泳[125]。粒子通常是从高温区到低温区运动,但在特殊情况下会发生反向的移动[126]。对于首先发现的气体热泳,研究比较成熟,应用范围更广。可以通过求解 Boltzmann 方程获得气体热泳作用力,即先得到速度分布,再沿粒子表面进行积分。随着努森数的增加,颗粒周围依次经历连续流、滑移流、过渡流和自由分子流四种情况。研究表明,自由分子流区颗粒的热泳速度仅取决于气体的物性和温度梯度,而不依赖于颗粒热导率和尺寸[127]。当努森数很小并且热导率极高时,连续流区内可能出现反向热泳现象。基于 Bhatnagar-Gross-Krook(BGK) 模型[128] 的理论可用于解释该现象,但 BGK 模型本身含有的缺陷不能证实负热泳的存在。相对于其他流体作用力,可能存在的负热泳力很小,因此该问题尚未得到完满的解决。液体热泳的作用机理复杂,难以建立成熟的模型,主要采用实验测量和分子动力学模拟进行研究。对于小分子液体中的热泳,Soret 系数的符号会随着液体组分的变化而改变[129]。实验测量一般通过光束偏转法、热透镜法以及荧光检测法,来分析粒子尺寸[130]、溶液温度[131] 和溶剂极性[132] 等的影响,从而为深入的理论分析提供丰富的数据。

影响热泳作用的因素主要有颗粒热导率、流体温度和粘性,还应包括颗粒的运动形态和流动的状态。热泳迁移率一般随流体温度呈线性地增长,而与颗粒尺寸的变化关系没有定论。由于有许多复杂的因素影响液体中的颗粒热泳运动,比如颗粒与液体分子之间的相互作用,双电层的形成,颗粒表面的温度梯度如何转化为双电层等,目前关于该过程没有明确的理解。

Epstein[133] 对滑移流区内气体中的颗粒在热驱动下的运动进行了研究,计算得到了热泳速度和作用力。然而,Epstein 的关联式低估了高热导率颗粒的情况。Brock[134] 通过求解方程得到了滑移流区热泳力的表达式,其中采用了速度滑移和温度跳跃边界条件。Brock 的表达式同样不太符合具有高热导率颗粒的实验数据。通过选取适当的热与动量调节系数,Talbot 等[135] 使 Brock 的方程从整个滑移流区到自由分子流区都与实验数据相吻合。基于线性化的 BGK 模型方程,Beresnev和 Chernyak[136] 耦合了 S 模型方程,提出了对应的球形颗粒运动学理论。他们考虑到真实的颗粒与气体分子之间碰撞过程的影响,通过引入调节系数,导出了颗粒的热泳力表达式，在特殊情况下它会退化到 Waldmann 的公式[127]。比通过较前人的公式和实验数据，Sagot[137] 认为 Beresnev 和 Chernyak 的模型准确地呈现了调节系数的影响。

实验表明，固体之间在纳米尺度上也会发生热泳现象，比如碳纳米管外的嵌套碳纳米管或内部的纳米液滴在温度梯度驱动下会朝着低温的方向运动[125]。为了揭示碳纳米管热驱动的来源，可以采用基于简化的弹簧模型进行分析。研究表明，呼吸模式的声子对碳纳米管热驱动具有很重要的作用[138]，但目前为止，尚无成熟的理论准确预测固体热泳运动并揭示产生该现象的内在机理。

如前所述，在温度梯度的驱动下，微纳粒子在流体中所发生的定向运动过程，称为热泳。强光束的照射下，粒子会被不均匀地加热。粒子周围的气体会表现出具有温度梯度，从而产生一种力驱动粒子沿着光的方向运动，称为光泳。要研究原行星盘的演化过程和实验观察之间的联系，分析灰尘颗粒和周围气体之间的相互作用有重要意义。该过程中的热泳和光泳都是由温度梯度引起的。当净热泳力超过颗粒之间存在的粘附力，团聚的灰尘颗粒会分解为一些较小的部分[139]。该动力接触过程与颗粒尺寸和团聚结构相关联[140,141]。当光源关掉时，热泳影响的空间区域扩大，对于许多颗粒的总热泳力也变大了。对于原行星盘中几十微米的颗粒，当颗粒进入阴影区时此效应变得比较重要。太阳系统中，星际间的灰尘颗粒在热辐射的作用下同样会经历热泳运动。通过实验研究，运用热泳可以有利于实现微纳颗粒、DNA 等生物大分子的捕捉技术。最近几年发展起来的分子间相互作用分析仪–微量热泳动仪[142]，其原理就是基于微观的热泳运动。另外，Aumatell 和 Wurm[143] 发展了一种温度梯度力显微镜，用于研究冰微粒的接触机制。

# 1.2 数值方法

## 1.2.1 有限元方法在流体中的应用

由于适用性强和便于编程计算，有限元方法很快在工程领域中得到了广泛的应用。有限元法首先应用在弹性力学以及结构分析中，最初由 Zienkiewicz 和 Cheung[144] 应用于流体力学，用来解决位势流问题，后来逐渐推广到流体力学领域。

流动雷诺数较高时，N-S 方程中对流项的影响要强于粘性项。当单元雷诺数大于 2 时，非对称的对流项算子较粘性项占主导，会出现非物理的振荡，因此传统的有限元法不适于解决对流占优的流动问题。目前，对流扩散方程的离散格式稳定性问题，仍是计算流体力学中的比较活跃的研究方向[145]。单纯减小单元尺寸以降低单元雷诺数，这样虽能抑制非物理的振荡，但对计算机内存的要求明显提高，计算耗时大大增加，不易于在实际操作中实现。借鉴有限差分法中关于对流项的处理方法，后来的研究人员把迎风机制引入到有限元法中。迎风有限元法最初由 Heinrich 和 Zienkiewicz[146] 在 1977 年提出，其基本思路是在加权余量法中在来流的上游采用不对称的权函数。利用迎风有限元法，采用较大的有限单元仍可以获得稳定的数值解，并且不需要额外增加计算量。但在实际计算时，该方法会引起过度的扩散，而且格式中要求的权函数阶数更高，因此不利于实际操作。

考虑到对流输运主要发生在流动方向，而过度扩散源于垂直流动方向的附加扩散，Brooks 和 Hughes[147] 提出了流线迎风 Petrov-Galerkin 有限元法 (SUPG)，随后 Hughes 等 [148] 把该方法推广至求解二维可压缩欧拉方程组。流线迎风有限元法抑制了垂直流动方向的虚假扩散，既保留了迎风方法的优势，又解决了迎风方法带来的虚假扩散问题。然而运用该方法的一个重要难题在于稳定参数的确定。由 Jean Donea[149] 提出的 Taylor-Galerkin 有限元法不需要确定人工耗散自由参数，不使用特殊的权函数，可以达到更高的精度和稳定性，并能应用于处理变系数以及多维问题。该方法采用时间向前的 Taylor 展开式展开，其中包括二阶以上的时间导数项，然后根据控制方程，将时间导数转换为空间的导数，得到时间的离散方程，最后利用标准 Galerkin 有限元法在空间上进行离散。随后迅速发展了基于 Taylor 展开下的两步和三步有限元法，其中采用多步一阶来代替一步高阶的 Taylor 级数，比如二阶的 Taylor-Galerkin 有限元法等效于两步有限元法。由于具有积分的表达形式，可以达到较高的精度，能统一处理几类边界条件，非结构网格单元易于在复杂几何形状和区域生成等，使得有限元法逐步在流体力学中得到了广泛的应用。

20 世纪 90 年代初，有限元领域著名学者 Zienkiewicz 等[150,151] 发展了一种新的有限元法用于计算流动问题，基于特征线理论的分离变量算法 (简称 CBS 算法)。CBS 算法是在经典 Galerkin 有限元法的基础上结合了特征线法和分离算法的一种计算流体力学方法。不同于以往的引入经验因子来修正权函数，它直接由 N-S 方程推导出合理的平衡耗散项，并且在进行空间离散时，速度和压力可以采用相同的插值函数，从而规避了 Babuska-Brezzi 协调条件 (简称 B-B 条件)。Zienkiewicz 和 Wu[150] 利用分离算法求解了非守恒型的可压缩流动问题，随后结合特征线法，Zienkiewicz 和 Codina[152] 将分离算法用于守恒型方程的求解，并正式命名该算法为 CBS 算法。最初的 CBS 算法为完全显式求解格式，后来发展了半隐式格式可用于求解可压和不可压流。显式和半隐式 CBS 算法还被应用于不可压缩湍流的模拟[153,154]。经过二十多年的发展，CBS 算法已被广泛应用于求解各种流体力学问题[155]，包括亚音速和超音速流动、自由表面流、非牛顿流以及浅水问题等，均获得了令人满意的计算结果，另外，该算法还成功地用于固体动力学问题的求解[156]。

### 1.2.2 CBS 算法

作为一种迅速发展并逐渐成熟的有限元法，CBS 算法已应用于计算各种流动问题。本章选取基于 CBS 算法的有限元法模拟流体的流动。CBS 算法结合了特征线法和分离算法，主要通过三个方面建立离散的求解方程，首先利用特征线法进行时间差分离散，然后利用分离算法得到流体的速度和压力求解步骤，最后采用经典 Galerkin 有限元法进行空间离散。下面先给出基本的流体力学方程组，然后详细介绍 CBS 算法主要的三个过程。

考虑流体力学的基本方程如下。

连续性方程

$$\frac{\partial \rho}{\partial t} = \frac{1}{c^2}\frac{\partial p}{\partial t} = -\frac{\partial U_i}{\partial x_i} \tag{1.1}$$

动量方程

$$\frac{\partial U_i}{\partial t} = -\frac{\partial (u_j U_i)}{\partial x_j} + \frac{\partial \tau_{ij}}{\partial x_j} - \frac{\partial p}{\partial x_i} - \rho g_i \tag{1.2}$$

能量方程

$$\frac{\partial (\rho E)}{\partial t} = -\frac{\partial}{\partial x_j}(u_j \rho E) + \frac{\partial}{\partial x_i}\left(k\frac{\partial T}{\partial x_i}\right) - \frac{\partial}{\partial x_j}(u_j p) + \frac{\partial}{\partial x_i}(\tau_{ij}u_j) + \rho g_i u_i \tag{1.3}$$

其中 $\rho$ 表示密度，$c$ 为音速，$u_i$ 代表三个方向的速度分量，质量流率 $U_i = \rho u_i$，$p$ 为压强，$T$ 为温度，$\rho g_i$ 代表体积力或源项，$k$ 为热传导系数，$\tau_{ij}$ 表示粘性应力张量，即 $\tau_{ij} = \mu\left(\dfrac{\partial u_i}{\partial x_j} - \dfrac{\partial u_j}{\partial x_i} - \dfrac{2}{3}\delta_{ij}\dfrac{\partial u_k}{\partial x_k}\right)$。

通常流体力学方程的求解都采用无量纲的形式，无量纲化的方程便于编写 CBS 程序。这里选取流动的特征长度 $L$，来流密度 $\rho_\infty$，速度 $V_\infty = |\boldsymbol{V}_\infty|$，温度 $T_\infty$ 为特征量，定义如下无量纲量

$$\bar{t} = \frac{tV_\infty}{L}, \quad \bar{x}_i = \frac{x}{L}, \quad \bar{\rho} = \frac{\rho}{\rho_\infty}, \quad \bar{p} = \frac{p}{\rho_\infty V_\infty^2}$$

$$\bar{u}_i = \frac{u}{V_\infty}, \quad \bar{E} = \frac{E}{V_\infty^2}, \quad \bar{T} = \frac{T}{T_\infty}, \quad \bar{c}^2 = \frac{c^2}{V_\infty^2}$$

将上述各无量纲量代入基本方程组，得到无量纲化的质量方程为

$$\frac{\partial \bar{\rho}}{\partial \bar{t}} = \frac{1}{\bar{c}^2}\frac{\partial \bar{p}}{\partial \bar{t}} = -\frac{\partial \bar{U}_i}{\partial \bar{x}_i} \tag{1.4}$$

动量方程

$$\frac{\partial \bar{U}_i}{\partial t} = -\frac{\partial (\bar{u}_j \bar{U}_i)}{\partial \bar{x}_j} + \frac{1}{Re}\frac{\partial \bar{\tau}_{ij}}{\partial \bar{x}_j} - \frac{\partial \bar{p}}{\partial \bar{x}_i} - \bar{\rho}\bar{g}_i \tag{1.5}$$

其中雷诺数 $Re = \dfrac{V_\infty L}{\nu}$，无量纲体力 $\bar{g}_i = \dfrac{g_i L}{V_\infty^2}$。

　　能量方程

$$\frac{\partial(\bar{\rho}\bar{E})}{\partial \bar{t}} = -\frac{\partial}{\partial \bar{x}_j}\left(\bar{u}_j \bar{\rho}\bar{E}\right) + \frac{1}{RePr}\frac{\partial}{\partial \bar{x}_i}\left(k\frac{\partial \bar{T}}{\partial \bar{x}_i}\right) - \frac{\partial}{\partial \bar{x}_j}(\bar{u}_j \bar{p}) + \frac{1}{Re}\frac{\partial}{\partial \bar{x}_i}(\bar{\tau}_{ij}\bar{u}_j) \quad (1.6)$$

其中普朗特数 $Pr = \dfrac{\mu c_p}{k}$。

　　状态方程

$$\bar{p} = \frac{\bar{\rho}R\bar{T}}{c_p} = \bar{\rho}\bar{R}\bar{T} = \bar{\rho}\frac{(\gamma-1)}{\gamma}\bar{T} \quad (1.7)$$

其中 $R = c_p - c_v$。

　　首先选取关于标量 $\phi$ 的基本对流–扩散方程

$$\begin{aligned}
&\frac{\partial \phi}{\partial t} + \frac{\partial(u_i \phi)}{\partial x_i} - \frac{\partial}{\partial x_i}\left(k\frac{\partial \phi}{\partial x_i}\right) + Q \\
&\equiv \frac{\partial \phi}{\partial t} + \frac{\partial(u_x \phi)}{\partial x} + \frac{\partial(u_y \phi)}{\partial y} - \frac{\partial}{\partial x}\left(k\frac{\partial \phi}{\partial x}\right) - \frac{\partial}{\partial y}\left(k\frac{\partial \phi}{\partial y}\right) + Q = 0 \quad (1.8)
\end{aligned}$$

其中 $u_i$ 代表速度分量，$\phi$ 是对流扩散的标量，$k$ 为扩散系数，$Q$ 代表源项。

　　方程 (1.8) 稍作修改为

$$\frac{\partial \phi}{\partial t} + u_i\frac{\partial \phi}{\partial x_i} + \phi\frac{\partial u_i}{\partial x_i} - \frac{\partial}{\partial x_i}\left(k\frac{\partial \phi}{\partial x_i}\right) + Q = 0 \quad (1.9)$$

　　简化起见，略去 $\phi\dfrac{\partial u_i}{\partial x_i}$，从而有

$$\frac{\partial \phi}{\partial t} + u_i\frac{\partial \phi}{\partial x_i} - \frac{\partial}{\partial x_i}\left(k\frac{\partial \phi}{\partial x_i}\right) + Q = 0 \quad (1.10)$$

　　对应的一维方程为

$$\frac{\partial \phi}{\partial t} + u\frac{\partial \phi}{\partial x} - \frac{\partial}{\partial x}\left(k\frac{\partial \phi}{\partial x}\right) + Q = 0 \quad (1.11)$$

　　若采用自变量 $x'$ 取代 $x$ 以满足

$$\mathrm{d}x' = \mathrm{d}x - u\mathrm{d}t \quad (1.12)$$

　　记 $\phi = \phi(x', t)$，则有 $\dfrac{\partial \phi}{\partial t}\Big|_{x\mathrm{const}} = \dfrac{\partial \phi}{\partial x'}\dfrac{\partial x'}{\partial t} + \dfrac{\partial \phi}{\partial t}\Big|_{x'\mathrm{const}} = -u\dfrac{\partial \phi}{\partial x'} + \dfrac{\partial \phi}{\partial t}\Big|_{x'\mathrm{const}}$

这样，一维方程 (1.11) 可以简化为

$$\frac{\partial \phi}{\partial t} - \frac{\partial}{\partial x'}\left(k\frac{\partial \phi}{\partial x'}\right) + Q(x') = 0 \quad (1.13)$$

式 (1.12) 是描述特征线的坐标系，并且当 $k = 0$ 和 $Q = 0$ 时，有 $\dfrac{\partial \phi}{\partial t} = 0$ 或 $\phi(x') = \phi(x - ut) = $ 常数。一般地，沿特征线方程 (1.12)，方程 (1.11) 中的对流项消失，变为更简单的扩散方程。

如图 1.2，在时间 $\Delta t$ 内以拉格朗日方式更新一维问题的网格点。对于 $x'$ 为常数的坐标，有 $dx = udt$，取一普通结点 $i$，有 $x_i^{n+1} = x_i^n + \displaystyle\int_{t_n}^{t_{n+1}} udt$。一般地，速度 $x'$ 与 $x$ 有关，对于 $x'$ 等于常数的特殊情况，有 $x_i^{n+1} = x_1^n + u\Delta t$。这样，在更新的网格上，只需求解与时间相关的扩散方程。然而，不断更新网格并在新网格上求解扩散问题并不现实。实际上，当应用到二维或三维问题时，单元会扭曲变形得很厉害，特别在计算域的边界上。时间上，该网格的更新过程可以逆向使用，即沿特征线往回走，如图 1.3 所示，这也就是特征线 Galerkin 法的思路。

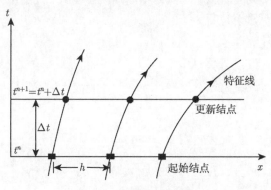

图 1.2  网格更新–向前

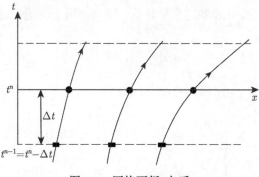

图 1.3  网格更新–向后

许多之前提出的特征线 Galerkin 方法在实际编程时都会比较复杂，而且计算耗时较长。这里介绍一种相对简单的计算格式，其中的求导过程包括局部泰勒展开。

方程 (1.11) 沿特征线可以写为

$$\frac{\partial \phi}{\partial t}[x'(t), t] - \frac{\partial}{\partial x'}\left(k\frac{\partial \phi}{\partial x'}\right) + Q(x') = 0 \tag{1.14}$$

这样对流项消失，将源项和扩散项沿特征线做平均。沿特征线进行时间离散，则有

$$\frac{1}{\Delta t}(\phi^{n+1} - \phi^n|_{x-\delta})$$
$$\approx \theta\left[\frac{\partial}{\partial x}\left(k\frac{\partial \phi}{\partial x}\right) - Q\right]^{n+1} + (1-\theta)\left[\frac{\partial}{\partial x}\left(k\frac{\partial \phi}{\partial x}\right) - Q\right]^n\bigg|_{(x-\delta)} \tag{1.15}$$

上式中当 $\theta$ 为零对应显式算法，为 1 时对应全隐式，处于中间为半隐式。下面介绍对于该式的实际求解过程。

由泰勒展开，得

$$\phi^n|_{(x-\delta)} \approx \phi^n - \delta\frac{\partial \phi^n}{\partial x} + \frac{\delta^2}{2}\frac{\partial^2 \phi^n}{\partial x^2} + O(\Delta t^3) \tag{1.16}$$

令 $\theta = 0.5$，则

$$\frac{1}{2}\frac{\partial}{\partial x}\left(k\frac{\partial \phi}{\partial x}\right)\bigg|_{(x-\delta)} \approx \frac{1}{2}\frac{\partial}{\partial x}\left(k\frac{\partial \phi}{\partial x}\right)^n - \frac{\delta}{2}\frac{\partial}{\partial x}\left[\frac{\partial}{\partial x}\left(k\frac{\partial \phi}{\partial x}\right)^n\right] + O(\Delta t^2) \tag{1.17}$$

$$\frac{1}{2}Q|_{(x-\delta)} \approx \frac{Q^n}{2} - \frac{\delta}{2}\frac{\partial Q^n}{\partial x} \tag{1.18}$$

其中 $\delta = \bar{u}\Delta t, \bar{u}$ 是沿特征线的速度平均值，通常使用下面的表达式来近似，

$$\bar{u} = u^n - u^n\Delta t\frac{\partial u^n}{\partial x} \tag{1.19}$$

将式 (1.16)∼ 式 (1.19) 代入式 (1.15)，得

$$\phi^{n+1} - \phi^n = -\Delta t\left\{u\frac{\partial \phi^n}{\partial x} - \frac{\partial}{\partial x}\left(k\frac{\partial \phi}{\partial x}\right)^{n+1/2} + Q^{n+1/2}\right\}$$
$$+ \Delta t\left\{\frac{\Delta t}{2}\frac{\partial}{\partial x}\left[u^2\frac{\partial \phi}{\partial x}\right] - \frac{\Delta t}{2}u\frac{\partial^2}{\partial x^2}\left(k\frac{\partial \phi}{\partial x}\right) + \frac{\Delta t}{2}u\frac{\partial Q}{\partial x}\right\}^n \tag{1.20}$$

其中 $\dfrac{\partial}{\partial x}\left(k\dfrac{\partial \phi}{\partial x}\right)^{n+1/2} = \dfrac{1}{2}\dfrac{\partial}{\partial x}\left(k\dfrac{\partial \phi}{\partial x}\right)^{n+1} + \dfrac{1}{2}\dfrac{\partial}{\partial x}\left(k\dfrac{\partial \phi}{\partial x}\right)^n$, $Q^{n+1/2} = \dfrac{Q^{n+1} + Q^n}{2}$,

上述表达式中略去了高阶项。对于多维问题，式 (1.20) 对应的显式可写为

$$\phi^{n+1} - \phi^n|_{(x-\delta)}$$

$$= -\Delta t \left\{ u_j \frac{\partial \phi}{\partial x_j} - \frac{\partial}{\partial x_i} \left( k \frac{\partial \phi}{\partial x_i} \right) + Q \right\}^n$$

$$+ \Delta t \left\{ \frac{\Delta t}{2} \frac{\partial}{\partial x_i} \left[ u_i u_j \frac{\partial \phi}{\partial x_j} \right] - \frac{\Delta t}{2} u_k \frac{\partial}{\partial x_k} \left[ \frac{\partial}{\partial x_i} \left( k \frac{\partial \phi}{\partial x_i} \right) \right] + \frac{\Delta t}{2} u_i \frac{\partial Q}{\partial x_j} \right\}^n \quad (1.21)$$

平均速度的近似表达式为

$$\bar{u} = \frac{u^{n+1} + u^n|_{(x-\delta)}}{2} \quad (1.22)$$

由泰勒展开，得

$$u^n|_{(x-\delta)} \approx u^n - \Delta t \frac{\partial u^n}{\partial x} + O(\Delta t^2) \quad (1.23)$$

由式 (1.15)～ 式 (1.19)，以及式 (1.22) 和式 (1.23)，当 $\theta = 0.5$ 时，有

$$\frac{1}{\Delta t}(\phi^{n+1} - \phi^n) = -u^{n+1/2} \frac{\partial \phi^n}{\partial x} + \frac{\Delta t}{2} u^n \frac{\partial u^n}{\partial x} \frac{\partial \phi^n}{\partial x} + \frac{\Delta t}{2} u^{n+1/2} u^{n+1/2} \frac{\partial^2 \phi}{\partial x^2}$$

$$+ \frac{\partial}{\partial x} \left( k \frac{\partial \phi}{\partial x} \right)^{n+1/2} - \frac{\Delta t}{2} u^{n+1/2} \frac{\partial}{\partial x} \left[ \frac{\partial}{\partial x} \left( k \frac{\partial \phi}{\partial x} \right)^n \right]$$

$$- Q + \frac{\Delta t}{2} u^{n+1/2} \frac{\partial Q}{\partial x} \quad (1.24)$$

其中 $u^{n+1/2} = \dfrac{u^{n+1} + u^n}{2}$。

用 $n$ 项来近似 $n+1/2$ 项，即为全显式格式。由 $u^{n+1/2} = u^n + O(\Delta t)$，扩散项也同样地进行近似，可得特征线 Galerkin 法的显式形式

$$\Delta \phi = \phi^{n+1} - \phi^n = -\Delta t \left[ u^n \frac{\partial \phi^n}{\partial x} - \frac{\partial}{\partial x} \left( k \frac{\partial \phi}{\partial x} \right) + Q \right]^n$$

$$+ \frac{\Delta t^2}{2} u^n \frac{\partial}{\partial x} \left[ u^n \frac{\partial \phi^n}{\partial x} - \frac{\partial}{\partial x} \left( k \frac{\partial \phi}{\partial x} \right) + Q \right]^n \quad (1.25)$$

推广至多维情况，有

$$\Delta \phi = -\Delta t \left[ \frac{\partial (u_j \phi)}{\partial x_j} - \frac{\partial}{\partial x_i} \left( k \frac{\partial \phi}{\partial x_i} \right) + Q \right]^n$$

$$+ \frac{\Delta t^2}{2} u_k^n \frac{\partial}{\partial x_k} \left[ \frac{\partial (u_j \phi)}{\partial x_j} - \frac{\partial}{\partial x_i} \left( k \frac{\partial \phi}{\partial x_i} \right) + Q \right]^n \quad (1.26)$$

分离算法最初主要应用于不可压流, 该算法耦合了动量方程和连续方程, 分步求解速度和压力变量。将分离求解过程应用于守恒型 N-S 方程, 拓展了 CBS 算法的适用范围, 使其可用于求解超声速以及高超声速流动问题。下面选取守恒型控制方程来说明分离算法的具体步骤。

运用特征 Galerkin 方法对方程 (1.2) 进行时间离散, 得

$$\frac{\partial U_i}{\partial t} = -\frac{\partial (u_j U_i)}{\partial x_j} + \frac{\partial \tau_{ij}}{\partial x_j} - \rho g_i + Q_i^{n+\theta_2} \tag{1.27}$$

其中 $Q_i^{n+\theta_2}$ 为 $t = t^n + \theta_2 \Delta t$ 时刻的压力梯度值, $\theta_2$ 为格式的选择参数, $\theta_2 = 0$ 时为显式, $\frac{1}{2} \leqslant \theta_2 \leqslant 1$ 时为半隐式。$Q_i^{n+\theta_2} = -\frac{\partial p^{n+\theta_2}}{\partial x_i} = \frac{\partial p^n}{\partial x_i} + \theta_2 \frac{\partial \Delta p}{\partial x_i}$, 其中 $\Delta p = p^{n+1} - p^n$, 上角标 $n$ 表示时刻, 以下同。

由式 (1.27) 可得

$$U_i^{n+1} - U_i^n = \Delta t \left[ -\frac{\partial (u_j U_i)^n}{\partial x_j} + \frac{\partial \tau_{ij}^n}{\partial x_j} - (\rho g_i)^n \right.$$
$$\left. + Q_i^{n+\theta_2} + \left( \frac{\Delta t}{2} u_k \frac{\partial}{\partial x_k} \left( \frac{\partial (u_j U_i)}{\partial x_j} + \rho g_i - Q_i \right) \right)^n \right] \tag{1.28}$$

对于上述时间离散后的方程, 常用的分离算法如下。

首先略去方程 (1.28) 中的压力项, 引入一辅助变量 $U_i^*$, 它满足下面的方程

$$\Delta U_i^* = U_i^* - U_i^n$$
$$= \Delta t \left[ -\frac{\partial (u_j U_i)}{\partial x_j} + \frac{\partial \tau_{ij}}{\partial x_j} - \rho g_i + \frac{\Delta t}{2} u_k \frac{\partial}{\partial x_k} \left( \frac{\partial (u_j U_i)}{\partial x_j} + \rho g_i \right) \right]^n \tag{1.29}$$

得到压力增量后, 便可求出修正的质量流率增量

$$\Delta U_i = U_i^{n+1} - U_i^n = \Delta U_i^* - \Delta t \frac{\partial p^{n+\theta_2}}{\partial x_i} - \frac{\Delta t^2}{2} u_k \frac{\partial Q_i^n}{\partial x_k} \tag{1.30}$$

由连续方程 (1.1), 有

$$\Delta \rho = \left( \frac{1}{c^2} \right)^n \Delta p = -\Delta t \frac{\partial U_i^{n+\theta_1}}{\partial x_i} = -\Delta t \left[ \frac{\partial U_i^n}{\partial x_i} + \theta_1 \frac{\partial \Delta U_i}{\partial x_i} \right] \tag{1.31}$$

将式 (1.30) 代入式 (1.31), 得

$$\Delta \rho = \left( \frac{1}{c^2} \right)^n \Delta p = -\Delta t \left[ \frac{\partial U_i^n}{\partial x_i} + \theta_1 \frac{\partial \Delta U_i^*}{\partial x_i} - \Delta t \theta_1 \left( \frac{\partial^2 p^n}{\partial x_i \partial x_i} + \theta_2 \frac{\partial^2 \Delta p}{\partial x_i \partial x_i} \right) \right]$$
$$\tag{1.32}$$

对于可压缩流，$\Delta p$ 由方程 (1.32) 的显式格式求解，即 $\frac{1}{2} \leqslant \theta_1 \leqslant 1$, $\theta_2 = 0$。

对于不可压流，方程 (1.32) 中 $\Delta \rho = \dfrac{\Delta p}{c^2} \approx 0$，$\Delta p$ 由其半隐式格式求解，即 $\frac{1}{2} \leqslant \theta_1 \leqslant 1$, $\frac{1}{2} \leqslant \theta_2 \leqslant 1$。

经空间离散后的控制方程可以按顺序依次求解。首先，由式 (1.29) 求出 $\Delta U_i^*$，再由式 (1.32) 求出 $\Delta p$ 或 $\Delta \rho$，然后由前面得到的 $\Delta U_i^*$ 和 $\Delta p$ 代入式 (1.30) 求出 $\Delta U_i$，从而得到 $t^{n+1}$ 时刻的值，计算得到 $\Delta U_i$ 和 $\Delta p$ 后，就可以单独求解能量方程，最后对式 (1.6) 利用特征线法即可得到 $(\rho E)^{n+1}$。

基于特征线法得到时间离散的方程，结合分离算法求出流体的压力和速度，然后由经典 Galerkin 法分别对式 (1.29)、式 (1.32) 和式 (1.30) 进行空间离散，即可得到 CBS 算法的计算公式[155]。

采用标准有限元的形函数进行空间近似

$$U_i = \boldsymbol{N}_u \tilde{\boldsymbol{U}}_i, \quad \Delta U_i = \boldsymbol{N}_u \Delta \tilde{\boldsymbol{U}}_i, \quad \Delta U_i^* = \boldsymbol{N}_u \Delta \tilde{\boldsymbol{U}}_i^*, \quad u_i = \boldsymbol{N}_u \tilde{\boldsymbol{u}}_i, \quad p = \boldsymbol{N}_p \tilde{\boldsymbol{p}}$$

$$\rho = \boldsymbol{N}_\rho \tilde{\boldsymbol{\rho}}, \quad T = \boldsymbol{N}_T \tilde{\boldsymbol{T}} \tag{1.33}$$

其中 $\tilde{\boldsymbol{U}}_i = \begin{bmatrix} U_i^1 & U_i^2 \cdots U_i^k \cdots U_i^m \end{bmatrix}^{\mathrm{T}}$，$\boldsymbol{N} = \begin{bmatrix} N^1 & N^2 \cdots N^k \cdots N^m \end{bmatrix}$，对于 $u, p, \rho, T$ 形式相同。

将式 (1.33) 代入式 (1.29)，其中各项乘以权函数 $N_u$，积分后得

$$\int_\Omega N_u^k \Delta U_i^* \mathrm{d}\Omega = + \Delta t \left[ -\int_\Omega N_u^k \frac{\partial (u_j U_i)}{\partial x_j} \mathrm{d}\Omega - \int_\Omega \frac{\partial N_u^k}{\partial x_j} \tau_{ij} \mathrm{d}\Omega - \int_\Omega N_u^k \rho g_i \mathrm{d}\Omega \right]^n$$
$$+ \frac{\Delta t^2}{2} \left[ \int_\Omega \frac{\partial (u_l N_u^k)}{\partial x_l} \left( -\frac{\partial (u_j U_i)}{\partial x_j} + \rho g_i \right) \mathrm{d}\Omega \right]^n$$
$$+ \Delta t \left[ \int_\Gamma N_u^k \tau_{ij} n_j \mathrm{d}\Gamma \right]^n \tag{1.34}$$

其中应力 $\tau_{ij} = 2\mu \left( \dot{\varepsilon}_{ij} - \delta_{ij} \dfrac{\dot{\varepsilon}_{kk}}{3} \right)$, $\dot{\varepsilon}_{ij} = \dfrac{1}{2} \left( \dfrac{\partial u_i}{\partial x_j} + \dfrac{\partial u_j}{\partial x_i} \right)$, $\dot{\varepsilon}_{ii} = \dfrac{\partial u_i}{\partial x_i}$。

应变可以写成六个分量的矢量 (二维对应三个分量)

$$\varepsilon = \begin{bmatrix} \varepsilon_{11} & \varepsilon_{22} & \varepsilon_{33} & 2\varepsilon_{12} & 2\varepsilon_{23} & 2\varepsilon_{31} \end{bmatrix}^{\mathrm{T}} = \begin{bmatrix} \varepsilon_x & \varepsilon_y & \varepsilon_z & 2\varepsilon_{xy} & 2\varepsilon_{yz} & 2\varepsilon_{zx} \end{bmatrix}^{\mathrm{T}}$$

定义矩阵 $\boldsymbol{m} = \begin{bmatrix} 1 & 1 & 1 & 0 & 0 & 0 \end{bmatrix}^{\mathrm{T}}$，则体积应变 $\varepsilon_v = \varepsilon_{11} + \varepsilon_{22} + \varepsilon_{33} = \varepsilon_x + \varepsilon_y + \varepsilon_z = \boldsymbol{m}^{\mathrm{T}} \varepsilon$。

偏应变张量为

$$\varepsilon^d = \varepsilon - \frac{1}{3} \boldsymbol{m} \varepsilon_v = \left( \boldsymbol{I} - \frac{1}{3} \boldsymbol{m} \boldsymbol{m}^{\mathrm{T}} \right) \varepsilon = \boldsymbol{I}_d \varepsilon$$

其中 $I_d = \left( I - \dfrac{1}{3}mm^{\mathrm{T}} \right) = \dfrac{1}{3} \begin{bmatrix} 2 & -1 & -1 & 0 & 0 & 0 \\ -1 & 2 & -1 & 0 & 0 & 0 \\ -1 & -1 & 2 & 0 & 0 & 0 \\ 0 & 0 & 0 & 3 & 0 & 0 \\ 0 & 0 & 0 & 0 & 3 & 0 \\ 0 & 0 & 0 & 0 & 0 & 3 \end{bmatrix}$。

偏应力张量

$$\sigma^d = I_d\sigma = \mu I_0 \varepsilon^d = \mu \left( I_0 - \frac{2}{3}mm^{\mathrm{T}} \right) \varepsilon \tag{1.35}$$

其中对角阵 $I_0 = \begin{bmatrix} 2 & & & & & \\ & 2 & & & & \\ & & 2 & & & \\ & & & 1 & & \\ & & & & 1 & \\ & & & & & 1 \end{bmatrix}$。

而应变率张量可以写为 $\varepsilon = Su$，其中 $u = [u_1\ u_2\ u_3]^{\mathrm{T}}$，

$$S = \begin{bmatrix} \dfrac{\partial}{\partial x_1} & 0 & 0 & \dfrac{\partial}{\partial x_2} & 0 & \dfrac{\partial}{\partial x_3} \\ 0 & \dfrac{\partial}{\partial x_2} & 0 & \dfrac{\partial}{\partial x_1} & \dfrac{\partial}{\partial x_3} & 0 \\ 0 & 0 & \dfrac{\partial}{\partial x_3} & 0 & \dfrac{\partial}{\partial x_2} & \dfrac{\partial}{\partial x_1} \end{bmatrix}^{\mathrm{T}},$$

这样应变率和速度的关系可由矩阵 $B = SN_u$ 表示。

由式 (1.33)~ 式 (1.35)，可得

$$\Delta \tilde{U}^* = -M_u^{-1}\Delta t \left[ \left( C_u\tilde{U} + K_\tau \tilde{u} - f \right) - \Delta t \left( K_u\tilde{U} + f_s \right) \right]^n \tag{1.36}$$

上式中上标 ~ 代表结点值，其中，

$$M_u = \int_\Omega N_u^{\mathrm{T}}N_u \mathrm{d}\Omega, \quad C_u = \int_\Omega N_u^{\mathrm{T}}[\nabla(uN_u)]\mathrm{d}\Omega,$$

$$K_\tau = \int_\Omega B^{\mathrm{T}}\mu \left( I_0 - \frac{2}{3}mm^{\mathrm{T}} \right) B\mathrm{d}\Omega, \quad f = \int_\Omega N_u^{\mathrm{T}}\rho F_p \mathrm{d}\Omega + \int_\Gamma N_u^{\mathrm{T}}t^d \mathrm{d}\Gamma,$$

$$K_u = -\frac{1}{2}\int_\Omega \left[ \nabla^{\mathrm{T}}(uN_u) \right]^{\mathrm{T}}\left[ \nabla^{\mathrm{T}}(uN_u) \right]\mathrm{d}\Omega,$$

$$f_s = -\frac{1}{2}\int_\Omega \left[ \nabla^{\mathrm{T}}(uN_u) \right]^{\mathrm{T}}\rho g\mathrm{d}\Omega,$$

其中 $\boldsymbol{g}=[g_1 \quad g_2 \quad g_3]^{\mathrm{T}}$，$\boldsymbol{t}^d$ 是偏应力张量中的切应力分量。

由式 (1.32) 和式 (1.33) 得

$$\int_\Omega N_p^k \Delta\rho \mathrm{d}\Omega = \int_\Omega N_p^k \frac{1}{c^2}\Delta p \mathrm{d}\Omega$$

$$= -\Delta t \int_\Omega N_p^k \frac{\partial}{\partial x_i}\left(U_i^n + \theta_1\Delta U_i^* - \theta_1\Delta t\frac{\partial p^{n+\theta_2}}{\partial x_i}\right)\mathrm{d}\Omega$$

$$= \Delta t \int_\Omega \frac{\partial N_p^k}{\partial x_i}\left(U_i^n + \theta_1\Delta U_i^* - \theta_1\Delta t\frac{\partial p^{n+\theta_2}}{\partial x_i}\right)\mathrm{d}\Omega$$

$$- \Delta t\theta_1 \int_\Gamma N_p^k \left(U_i^n + \Delta U_i^* - \Delta t\frac{\partial p^{n+\theta_2}}{\partial x_i}\right)n_i\mathrm{d}\Gamma \tag{1.37}$$

由式 (1.32) 和式 (1.37) 得

$$\left(\boldsymbol{M}_p + \Delta t^2\theta_1\theta_2\boldsymbol{H}\right)\Delta\tilde{\boldsymbol{p}} = \Delta t\left[\boldsymbol{G}\tilde{\boldsymbol{U}}^n + \theta_1\boldsymbol{G}\Delta\tilde{\boldsymbol{U}}^* - \Delta t\theta_1\boldsymbol{H}\tilde{\boldsymbol{p}}^n - \boldsymbol{f}_p\right] \tag{1.38}$$

其中，

$$\boldsymbol{M}_p = \int_\Omega \boldsymbol{N}_p^{\mathrm{T}}\left(\frac{1}{c^2}\right)^n \boldsymbol{N}_p\mathrm{d}\Omega, \quad \boldsymbol{H} = \int_\Omega (\nabla\boldsymbol{N}_p)^{\mathrm{T}}\nabla\boldsymbol{N}_p\mathrm{d}\Omega,$$

$$\boldsymbol{G} = \int_\Omega (\nabla\boldsymbol{N}_p)^{\mathrm{T}}\boldsymbol{N}_u\mathrm{d}\Omega, \quad \boldsymbol{f}_p = \Delta t\int_\Gamma \boldsymbol{N}_p^{\mathrm{T}}\boldsymbol{n}^{\mathrm{T}}\left[\tilde{\boldsymbol{U}}^n + \theta_1\left(\Delta\tilde{\boldsymbol{U}}^* - \Delta t\nabla p^{n+\theta_2}\right)\right]\mathrm{d}\Gamma$$

第三步的弱解形式为

$$\int_\Omega N_u^k\Delta U_i^{n+1}\mathrm{d}\Omega = \int_\Omega N_u^k\Delta U_i^*\mathrm{d}\Omega - \Delta t\int_\Omega N_u^k\left(\frac{\partial p^n}{\partial x_i} + \theta_2\frac{\partial\Delta p}{\partial x_i}\right)\mathrm{d}\Omega$$

$$- \frac{\Delta t^2}{2}\int_\Omega \frac{\partial}{\partial x_j}\left(u_j N_u^k\right)\frac{\partial p^n}{\partial x_i}\mathrm{d}\Omega \tag{1.39}$$

相应的矩阵形式为

$$\Delta\tilde{\boldsymbol{U}} = \Delta\tilde{\boldsymbol{U}}^* - \boldsymbol{M}_u^{-1}\Delta t\left[\boldsymbol{G}^{\mathrm{T}}\left(\tilde{\boldsymbol{p}}^n + \theta_2\Delta\tilde{\boldsymbol{p}}\right) + \frac{\Delta t}{2}\boldsymbol{P}\tilde{\boldsymbol{p}}^n\right] \tag{1.40}$$

其中 $\boldsymbol{P} = \int_\Omega [\nabla(\boldsymbol{u}\boldsymbol{N}_u)]^{\mathrm{T}}\nabla\boldsymbol{N}_p\mathrm{d}\Omega$。

第四步的弱解形式为

$$\int_\Omega N_E^k\Delta(\rho E)^{n+1}\mathrm{d}\Omega$$

$$= \Delta t\left[-\int_\Omega N_E^k\frac{\partial}{\partial x_i}[u_i(\rho E + p)]\mathrm{d}\Omega - \int_\Omega \frac{\partial N_E^k}{\partial x_i}\left(\tau_{ij}u_j + k\frac{\partial T}{\partial x_i}\right)\mathrm{d}\Omega\right.$$

$$\left. - \int_\Omega N_E^k\rho c_p q_p\mathrm{d}\Omega\right]^n + \Delta t\left[\iint_\Gamma N_E^k\left(\tau_{ij}u_j + k\frac{\partial T}{\partial x_i}\right)n_i\mathrm{d}\Gamma\right]^n$$

$$+ \frac{\Delta t^2}{2} \left[ \iint_{\Omega} \frac{\partial}{\partial x_j} \left( u_j N_E^k \right) \left( \frac{\partial}{\partial x_i} \left( -u_i (\rho E + p) \right) + \rho c_p q_p \right) d\Omega \right]^n \qquad (1.41)$$

相应的矩阵形式为

$$\Delta \tilde{E} = - M_E^{-1} \Delta t [(C_E \tilde{E} + C_p \tilde{p} + K_T \tilde{T} + K_{\tau E} \tilde{u} + f_e) \\ - \Delta t \left( K_{uE} \tilde{E} + K_{up} \tilde{p} + f_{es} \right)]^n \qquad (1.42)$$

其中,

$$M_E = \int_{\Omega} N_E^{\mathrm{T}} N_E d\Omega, \quad C_E = \int_{\Omega} N_E^{\mathrm{T}} [\nabla^{\mathrm{T}} (u N_E)] d\Omega,$$

$$C_p = \int_{\Omega} N_E^{\mathrm{T}} [\nabla^{\mathrm{T}} (u N_p)] d\Omega, \quad K_T = \int_{\Omega} (\nabla N_E)^{\mathrm{T}} \nabla N_T d\Omega,$$

$$K_{\tau E} = \int_{\Omega} B^{\mathrm{T}} \mu \left( I_0 - \frac{2}{3} m m^{\mathrm{T}} \right) B d\Omega,$$

$$f_e = \int_{\Omega} N_E^{\mathrm{T}} \rho c_p q_p d\Omega + \int_{\Gamma} N_E^{\mathrm{T}} n^{\mathrm{T}} \left( t^d u + k \nabla T \right) d\Gamma,$$

$$K_{uE} = -\frac{1}{2} \int_{\Omega} \left[ \nabla^{\mathrm{T}} (u N_E) \right]^{\mathrm{T}} [\nabla N_E] d\Omega,$$

$$K_{up} = -\frac{1}{2} \int_{\Omega} \left[ \nabla^{\mathrm{T}} (u N_E) \right]^{\mathrm{T}} (\nabla N_p) d\Omega, \quad f_{es} = -\frac{1}{2} \int_{\Omega} \left[ \nabla^{\mathrm{T}} (u N_E) \right]^{\mathrm{T}} \rho c_p q_p d\Omega。$$

## 参 考 文 献

[1] Lee J H, Lee S H, Choi C, et al. A review of thermal conductivity data, mechanisms and models for nanofluids. International Journal of Micro-Nano Scale Transport, 2010, 1(4): 269-322.

[2] Wang J J, Zheng R T, Gao J W, et al. Heat conduction mechanisms in nanofluids and suspensions. Nano Today, 2012, 7(2): 124-136.

[3] Mahian O, Kianifar A, Kalogirou S A, et al. A review of the applications of nanofluids in solar energy. International Journal of Heat and Mass Transfer, 2013, 57(2): 582-594.

[4] 宣益民, 李强. 纳米流体能量传递理论与应用. 北京: 科学出版社, 2010.

[5] Das S K, Choi S U, Yu W, et al. Nanofluids: science and technology. Hoboken: John Wiley & Sons, 2007.

[6] Ramesh G, Prabhu N K. Review of thermo-physical properties, wetting and heat transfer characteristics of nanofluids and their applicability in industrial quench heat treatment. Nanoscale Research Letters, 2011, 6(1): 1-15.

[7] Khanafer K, Vafai K. A critical synthesis of thermophysical characteristics of nanofluids. International Journal of Heat and Mass Transfer, 2011, 54(19): 4410-4428.

[8] Fan J, Wang L. Review of heat conduction in nanofluids. Journal of Heat Transfer, 2011, 133(4): 040801.

[9] Gupta H K, Agrawal G D, Mathur J. An overview of Nanofluids: A new media towards green environment. International Journal of Environmental Sciences, 2012, 3(1): 433-440.

[10] Ghadimi A, Saidur R, Metselaar H S C. A review of nanofluid stability properties and characterization in stationary conditions. International Journal of Heat and Mass Transfer, 2011, 54(17): 4051-4068.

[11] Lee J H, Lee S H, Choi C, et al. A review of thermal conductivity data, mechanisms and models for nanofluids. International Journal of Micro-Nano Scale Transport, 2010, 1(4): 269-322.

[12] Verma S K, Tiwari A K. Progress of nanofluid application in solar collectors: A review. Energy Conversion and Management, 2015, 100: 324-346.

[13] Wang X Q, Mujumdar A S. A review on nanofluids-part I: theoretical and numerical investigations. Brazilian Journal of Chemical Engineering, 2008, 25(4): 613-630.

[14] Saidura R, Leong K Y, Mohammad H A. A review on applications and challenges of nanofluids. Renewable and Sustainable Energy Reviews, 2011, 15(3): 1646-1668.

[15] Kleinstreuer C, Feng Y. Experimental and theoretical studies of nanofluid thermal conductivity enhancement: a review. Nanoscale Research Letters, 2011, 6(1): 1-13.

[16] Wang B X, Zhou L P, Peng X F. A fractal model for predicting the effective thermal conductivity of liquid with suspension of nanoparticles. International Journal of Heat and Mass Transfer, 2003, 46(14): 2665-2672.

[17] 李强. 纳米流体强化传热机理研究. 南京: 南京理工大学, 2004.

[18] 宣益民, 胡卫峰, 李强. 纳米流体的聚集结构和导热系数模拟. 工程热物理学报, 2002, 23(2): 206-208.

[19] 楚广, 熊志群, 刘伟, 等. 自悬浮定向流法制备纳米 Cu 粉的微结构和性能表征. 中国有色金属学报, 2007, 17(4): 623-628.

[20] 彭小飞, 俞小莉, 夏立峰, 等. $Al_2O_3$ 纳米粉体悬浮液热物性实验研究. 材料科学与工程学报, 2007, 25(1): 52-54.

[21] 吴信宇, 吴慧英, 屈健, 等. 纳米流体在芯片微通道中的流动与换热特性. 化工学报, 2008, 59(9): 2181-2187.

[22] Guillot P, Colin A, Utada A S, et al. Stability of a jet in confined pressure-driven biphasic flows at low Reynolds numbers. Physical Review Letters, 2007, 99(10): 104502.

[23] Zhang W M, Meng G, Wei X. A review on slip models for gas microflows. Microfluidics and Nanofluidics, 2012, 13(6): 845-882.

[24] Williamson C H K. Vortex dynamics in the cylinder wake. Annual Review of Fluid Mechanics, 1996, 28(1): 477-539.

[25] Berger E, Wille R. Periodic flow phenomena. Annual Review of Fluid Mechanics, 1972, 4(1): 313-340.

[26] Wille R. Karman vortex streets.Advances in Applied Mechanics, 1960, 6: 273-295.

[27] Wille R. On unsteady flows and transient motions. Progress in Aerospace Sciences, 1966, 7: 195-207.

[28] Morkovin M V. Flow around circular cylinder—a kaleidoscope of challenging fluid phenomena ASME Symposium on Fully Separated Flows. The American Society of Mechanical Engineers New York, 1964: 102-118.

[29] Mair W A, Maull D J. Bluff bodies and vortex shedding–a report on Euromech 17. Journal of Fluid Mechanics, 1971, 45(02): 209-224.

[30] Bearman P W. Vortex shedding from oscillating bluff bodies. Annual Review of Fluid Mechanics, 1984, 16(1): 195-222.

[31] Oertel H. Wake behind blunt bodies. Annual Review of Fluid Mechanics, 1990, 22: 539-564.

[32] 孙天凤, 崔尔杰. 钝物体绕流和流致振动研究. 空气动力学学报, 1987, 1: 007.

[33] Roshko A. Perspectives on bluff body aerodynamics. Journal of Wind Engineering and Industrial Aerodynamics, 1993, 49(1): 79-100.

[34] Matsumoto M. Vortex shedding of bluff bodies: a review. Journal of Fluids and Structures, 1999, 13(7): 791-811.

[35] 孙德军, 尹协远. 钝体尾迹的稳定性研究及流动控制探讨. 空气动力学学报, 1997, 15(1): 73-80.

[36] Norberg C. Fluctuating lift on a circular cylinder: review and new measurements. Journal of Fluids and Structures, 2003, 17(1): 57-96.

[37] Taneda S. Experimental investigation of the wakes behind cylinders and plates at low Reynolds numbers. Journal of the Physical Society of Japan, 1956, 11(3): 302-307.

[38] Gerrard J H. The wakes of cylindrical bluff bodies at low Reynolds number. Philosophical Transactions of the Royal Society of London A: Mathematical, Physical and Engineering Sciences, 1978, 288(1354): 351-382.

[39] Provansal M, Mathis C, Boyer L. Bénard-von Kármán instability: transient and forced regimes. Journal of Fluid Mechanics, 1987, 182: 1-22.

[40] Williamson C H K. The existence of two stages in the transition to three-dimensionality of a cylinder wake. Physics of Fluids, 1988, 31: 3165-3168.

[41] Unal M F, Rockwell D. On vortex formation from a cylinder. Part 1. The initial instability. Journal of Fluid Mechanics, 1988, 190: 491-512.

[42] Williamson C H K. Three-dimensional wake transition. Journal of Fluid Mechanics, 1996, 328: 345-407.

[43] Norberg C. An experimental investigation of the flow around a circular cylinder: influence of aspect ratio. Journal of Fluid Mechanics, 1994, 258: 287-316.

[44] Bearman P W. On vortex shedding from a circular cylinder in the critical Reynolds number regime. Journal of Fluid Mechanics, 1969, 37(03): 577-585.

[45] Schewe G. On the force fluctuations acting on a circular cylinder in crossflow from subcritical up to transcritical Reynolds numbers. Journal of Fluid Mechanics, 1983, 133: 265-285.

[46] Roshko A. Experiments on the flow past a circular cylinder at very high Reynolds number. Journal of Fluid Mechanics, 1961, 10(03): 345-356.

[47] 童秉纲, 张炳暄, 崔尔杰. 非定常流与涡运动. 北京: 国防工业出版社, 1993.

[48] Gerrard J H. The mechanics of the formation region of vortices behind bluff bodies. Journal of Fluid Mechanics, 1966, 25(02): 401-413.

[49] Freymuth P, Finaish F, Bank W. Visualization of the vortex street behind a circular cylinder at low Reynolds numbers. Physics of Fluids, 1986, 29: 1321-1323.

[50] Green R B, Gerrard J H. Vorticity measurements in the near wake of a circular cylinder at low Reynolds numbers. Journal of Fluid Mechanics, 1993, 246: 675-691.

[51] Perry A E, Chong M S, Lim T T. The vortex-shedding process behind two-dimensional bluff bodies. Journal of Fluid Mechanics, 1982, 116: 77-90.

[52] Cautanceau M. On the role of high order separation on the onset of the secondary instability of the circular cylinder wake boundary. C. R. Academic Science Series II. 1988, 306: 1259-1263.

[53] 刘宝杰. 尾流旋涡的流动机制及其应用. 北京: 北京航空航天大学, 1998.

[54] Roushan P, Wu X L. Universal wake structures of Kármán vortex streets in two-dimensional flows. Physics of Fluids, 2005, 17(7): 073601.

[55] Jeong J, Hussain F. On the identification of a vortex. Journal of Fluid Mechanics, 1995, 285: 69-94.

[56] Chakraborty P, Balachandar S, Adrian R J. On the relationships between local vortex identification schemes. Journal of Fluid Mechanics, 2005, 535: 189-214.

[57] Lugt H J. Vortex flow in nature and technology. New York:John Wiley&Sons,1983.

[58] Braza M, Chassaing P, Minh H H. Numerical study and physical analysis of the pressure and velocity fields in the near wake of a circular cylinder. Journal of Fluid Mechanics, 1986, 165: 79-130.

[59] Dougherty N S , Holt J B , Liu B L , et al. Time-accurate Navier-Stokes computations of unsteady flows:The Karman vortex street. 27th Aerospace Sciences Meeting. Nevada AIAA Paper. 1989,89-0144:1-8.

[60] Slaouti A, Stansby P K. Flow around two circular cylinders by the random-vortex method. Journal of Fluids and Structures, 1992, 6(6): 641-670.

[61] Lu X Y, Dalton C. Calculation of the timing of vortex formation from an oscillating cylinder. Journal of Fluids and Structures, 1996, 10(5): 527-541.

[62] Jameson A, Martinelli L. Mesh refinement and modeling errors in flow simulation. AIAA journal, 1998, 36(5): 676-686.

[63] Patnaik B S V, Narayana P A A, Seetharamu K N. Numerical simulation of vortex shedding past a circular cylinder under the influence of buoyancy. International Journal of Heat and Mass Transfer, 1999, 42(18): 3495-3507.

[64] Farrant T, Tan M, Price W G. A cell boundary element method applied to laminar vortex-shedding from arrays of cylinders in various arrangements. Journal of Fluids and Structures, 2000, 14(3): 375-402.

[65] Thompson M, Hourigan K, Sheridan J. Three-dimensional instabilities in the cylinder wake International Colloquium on Jets, Wakes and Shear Layers, CSIRO, DBCE, Highett. Melbourne, Australia, April. 1994: 18-20.

[66] Evangelinos C, Karniadakis G E. Dynamics and flow structures in the turbulent wake of rigid and flexible cylinders subject to vortex-induced vibrations. Journal of Fluid Mechanics, 1999, 400: 91-124.

[67] Mittal R, Balachandar S. Effect of three-dimensionality on the lift and drag of nominally two - dimensional cylinders. Physics of Fluids, 1995, 7(8): 1841-1865.

[68] Persillon H, Braza M. Physical analysis of the transition to turbulence in the wake of a circular cylinder by three-dimensional Navier–Stokes simulation. Journal of Fluid Mechanics, 1998, 365: 23-88.

[69] Perry A E, Chong M S, Lim T T. The vortex-shedding process behind two-dimensional bluff bodies. Journal of Fluid Mechanics, 1982, 116: 77-90.

[70] Williamson C H K. Vortex dynamics in the cylinder wake. Annual Review of Fluid Mechanics, 1996, 28(1): 477-539.

[71] Ahlborn B, Seto M L, Noack B R. On drag, strouhal number and vortex-street structure. Fluid Dynamics Research, 2002, 30(6): 379-399.

[72] Zhang N, Zheng Z C, Eckels S. Study of heat-transfer on the surface of a circular cylinder in flow using an immersed-boundary method. International Journal of Heat and Fluid Flow, 2008, 29(6): 1558-1566.

[73] Valipour M S, Ghadi A Z. Numerical investigation of fluid flow and heat transfer around a solid circular cylinder utilizing nanofluid. International Communications in Heat and Mass Transfer, 2011, 38(9): 1296-1304.

[74] Sarkar S, Ganguly S, Biswas G. Mixed convective heat transfer of nanofluids past a circular cylinder in cross flow in unsteady regime. International Journal of Heat and Mass Transfer, 2012, 55(17): 4783-4799.

[75] Das S K, Choi S U, Yu W, et al. Nanofluids: science and technology. Hoboken: John Wiley & Sons, 2007.

[76] Donzelli G, Cerbino R, Vailati A. Bistable heat transfer in a nanofluid. Physical Review Letters, 2009, 102(10): 104503.

[77] Hejazian M, Moraveji M K. A comparative analysis of single and two-phase models of turbulent convective heat transfer in a tube for TiO$_2$ nanofluid with CFD. Numerical Heat Transfer, Part A: Applications, 2013, 63(10): 795-806.

[78] Tiwari R K, Das M K. Heat transfer augmentation in a two-sided lid-driven differentially heated square cavity utilizing nanofluids. International Journal of Heat and Mass Transfer, 2007, 50(9): 2002-2018.

[79] Ghasemi B, Aminossadati S M. Brownian motion of nanoparticles in a triangular enclosure with natural convection. International Journal of Thermal Sciences, 2010, 49(6): 931-940.

[80] Ghasemi B. Magnetohydrodynamic natural convection of nanofluids in U-shaped enclosures. Numerical Heat Transfer, Part A: Applications, 2013, 63(6): 473-487.

[81] Zhang N, Zheng Z C, Eckels S. Study of heat-transfer on the surface of a circular cylinder in flow using an immersed-boundary method. International Journal of Heat and Fluid Flow, 2008, 29(6): 1558-1566.

[82] Valipour M S, Ghadi A Z. Numerical investigation of fluid flow and heat transfer around a solid circular cylinder utilizing nanofluid. International Communications in Heat and Mass Transfer, 2011, 38(9): 1296-1304.

[83] Sarkar S, Ganguly S, Biswas G. Mixed convective heat transfer of nanofluids past a circular cylinder in cross flow in unsteady regime. International Journal of Heat and Mass Transfer, 2012, 55(17): 4783-4799.

[84] Etminan-Farooji V, Ebrahimnia-Bajestan E, Niazmand H, et al. Unconfined laminar nanofluid flow and heat transfer around a square cylinder. International Journal of Heat and Mass Transfer, 2012, 55(5): 1475-1485.

[85] Rana P, Bhargava R. Numerical study of heat transfer enhancement in mixed convection flow along a vertical plate with heat source/sink utilizing nanofluids. Communications in Nonlinear Science and Numerical Simulation, 2011, 16(11): 4318-4334.

[86] Saleh H, Roslan R, Hashim I. Natural convection heat transfer in a nanofluid-filled trapezoidal enclosure. International Journal of Heat and Mass Transfer, 2011, 54(1): 194-201.

[87] Lotfi R, Saboohi Y, Rashidi A M. Numerical study of forced convective heat transfer of nanofluids: comparison of different approaches. International Communications in Heat and Mass Transfer, 2010, 37(1): 74-78.

[88] Sun C, Lu W Q, Liu J, et al. Molecular dynamics simulation of nanofluid's effective thermal conductivity in high-shear-rate Couette flow. International Journal of Heat and Mass Transfer, 2011, 54(11): 2560-2567.

[89] Xuan Y, Li Q, Ye M. Investigations of convective heat transfer in ferrofluid microflows using lattice-Boltzmann approach. International Journal of Thermal Sciences, 2007, 46(2): 105-111.

[90] Zhou L, Xuan Y, Li Q. Multiscale simulation of flow and heat transfer of nanofluid with lattice Boltzmann method. International Journal of Multiphase Flow, 2010, 36(5): 364-374.

[91] Kondaraju S, Jin E K, Lee J S. Investigation of heat transfer in turbulent nanofluids using direct numerical simulations. Physical Review E, 2010, 81(1): 016304.

[92] Kondaraju S, Jin E K, Lee J S. Effect of the multi-sized nanoparticle distribution on the thermal conductivity of nanofluids. Microfluidics and Nanofluidics, 2011, 10(1): 133-144.

[93] Wen D, Zhang L, He Y. Flow and migration of nanoparticle in a single channel. Heat and Mass Transfer, 2009, 45(8): 1061-1067.

[94] Tahir S, Mital M. Numerical investigation of laminar nanofluid developing flow and heat transfer in a circular channel. Applied Thermal Engineering, 2012, 39: 8-14.

[95] Uma B, Swaminathan T N, Radhakrishnan R, et al. Nanoparticle Brownian motion and hydrodynamic interactions in the presence of flow fields. Physics of Fluids, 2011, 23(7): 073602.

[96] Heyhat M M, Kowsary F. Effect of particle migration on flow and convective heat transfer of nanofluids flowing through a circular pipe. Journal of Heat Transfer, 2010, 132(6): 062401.

[97] 林晓辉, 张赤斌, 马传浩, 等. 纳米流体在圆管中输运的两相流理论模型及黏度计算. 中国科学: 物理学, 力学, 天文学, 2012, 42(6): 647-656.

[98] Brown R. A brief account of microscopical observations made in the months of June, July and August 1827, on the particles contained in the pollen of plants; and on the general existence of active molecules in organic and inorganic bodies. The Philosophical Magazine, or Annals of Chemistry, Mathematics, Astronomy, Natural History and General Science, 1828, 4(21): 161-173.

[99] Einstein A. Über die von der molecularkinetischen Theorie der Wärme geforderte Bewegung von in ruhenden Flüssigkeiten suspendierten Teilchen. Ann Phys, 1905, 322: 549-560.

[100] Langevin P. Sur la théorie du mouvement brownien. CR Acad. Sci. Paris, 1908, 146: 530-533.

[101] Li T, Kheifets S, Medellin D, et al. Measurement of the instantaneous velocity of a Brownian particle. Science, 2010, 328(5986): 1673-1675.

[102] Huang R, Chavez I, Taute K M, et al. Direct observation of the full transition from ballistic to diffusive Brownian motion in a liquid. Nature Physics, 2011, 7(7): 576-580.

[103] Wang M C, Uhlenbeck G E. On the theory of the Brownian motion II. Reviews of Modern Physics, 1945, 17(2-3): 323.

[104] Li A, Ahmadi G. Dispersion and deposition of spherical particles from point sources in a turbulent channel flow. Aerosol Science and Technology, 1992, 16(4): 209-226.

[105] Franosch T, Grimm M, Belushkin M, et al. Resonances arising from hydrodynamic memory in Brownian motion. Nature, 2011, 478(7367): 85-88.

[106] Batchelor G K. An introduction to fluid dynamics. London: Cambridge University Press, 1967.

[107] Wen C S. The fundamentals of aerosol dynamics. Singapore: World Scientific, 1996.

[108] Crowe C T, Schwarzkopf J D, Sommerfeld M, et al. Multiphase flows with droplets and particles, 2nd edn. Boca Raton: CRC Press, 2012.

[109] Li L, Zhang Y, Ma H, et al. Molecular dynamics simulation of effect of liquid layering around the nanoparticle on the enhanced thermal conductivity of nanofluids. Journal of Nanoparticle Research, 2010, 12(3): 811-821.

[110] Wang J J, Zheng R T, Gao J W, et al. Heat conduction mechanisms in nanofluids and suspensions. Nano Today, 2012, 7(2): 124-136.

[111] Murshed S M S, Leong K C, Yang C. Investigations of thermal conductivity and viscosity of nanofluids. International Journal of Thermal Sciences, 2008, 47(5): 560-568.

[112] Ramesh G, Prabhu N K. Review of thermo-physical properties, wetting and heat transfer characteristics of nanofluids and their applicability in industrial quench heat treatment. Nanoscale Research Letters, 2011, 6(1): 1-15.

[113] Ghadimi A, Saidur R, Metselaar H S C. A review of nanofluid stability properties and characterization in stationary conditions. International Journal of Heat and Mass Transfer, 2011, 54(17): 4051-4068.

[114] Lee J H, Lee S H, Choi C, et al. A review of thermal conductivity data, mechanisms and models for nanofluids. International Journal of Micro-Nano Scale Transport, 2010, 1(4): 269-322.

[115] Mahian O, Kianifar A, Kalogirou S A, et al. A review of the applications of nanofluids in solar energy. International Journal of Heat and Mass Transfer, 2013, 57(2): 582-594.

[116] Wang X Q, Mujumdar A S. A review on nanofluids-part I: theoretical and numerical investigations. Brazilian Journal of Chemical Engineering, 2008, 25(4): 613-630.

[117] Vajjha R S, Das D K. A review and analysis on influence of temperature and concentration of nanofluids on thermophysical properties, heat transfer and pumping power. International Journal of Heat and Mass Transfer, 2012, 55(15): 4063-4078.

[118] Fan J, Wang L. Review of heat conduction in nanofluids. Journal of Heat Transfer, 2011, 133(4): 040801.

[119] Prasher R, Bhattacharya P, Phelan P E. Thermal conductivity of nanoscale colloidal solutions (nanofluids). Physical Review Letters, 2005, 94(2): 025901.

[120] Xu J, Yu B, Zou M, et al. A new model for heat conduction of nanofluids based on fractal distributions of nanoparticles. Journal of Physics D: Applied Physics, 2006, 39(20): 4486.

[121] Jang S P, Choi S U S. Effects of various parameters on nanofluid thermal conductivity. Journal of Heat Transfer, 2007, 129(5): 617-623.

[122] Koo J, Kleinstreuer C. A new thermal conductivity model for nanofluids. Journal of Nanoparticle Research, 2004, 6(6): 577-588.

[123] Vajjha R S, Das D K. Experimental determination of thermal conductivity of three nanofluids and development of new correlations. International Journal of Heat and Mass Transfer, 2009, 52(21): 4675-4682.

[124] Rizvi I H, Jain A, Ghosh S K, et al. Mathematical modelling of thermal conductivity for nanofluid considering interfacial nano-layer. Heat and Mass Transfer, 2013, 49(4): 595-600.

[125] Barreiro A, Rurali R, Hernandez E R, et al. Subnanometer motion of cargoes driven by thermal gradients along carbon nanotubes. Science, 2008, 320(5877): 775-778.

[126] Putnam S A, Cahill D G, Wong G C L. Temperature dependence of thermodiffusion in aqueous suspensions of charged nanoparticles. Langmuir, 2007, 23(18): 9221-9228.

[127] Waldmann L. Über die Kraft eines inhomogenen Gases auf kleine suspendierte Kugeln. Zeitschrift für Naturforschung A, 1959, 14(7): 589-599.

[128] Yamamoto K, Ishihara Y. Thermophoresis of a spherical particle in a rarefied gas of a transition regime. Physics of Fluids, 1988, 31(12): 3618-3624.

[129] Artola P A, Rousseau B. Microscopic interpretation of a pure chemical contribution to the Soret effect. Physical Review Letters, 2007, 98(12): 125901.

[130] Iacopini S, Rusconi R, Piazza R. The "macromolecular tourist": Universal temperature dependence of thermal diffusion in aqueous colloidal suspensions. The European Physical Journal E, 2006, 19(1): 59-67.

[131] Braibanti M, Vigolo D, Piazza R. Does thermophoretic mobility depend on particle size?. Physical Review Letters, 2008, 100(10): 108303.

[132] Luettmer-Strathmann J. Two-chamber lattice model for thermodiffusion in polymer solutions. The Journal of Chemical Physics, 2003, 119(5): 2892-2902.

[133] Epstein P S. Zur theorie des radiometers. Zeitschrift für Physik, 1929, 54(7-8): 537-563.

[134] Brock J R. On the theory of thermal forces acting on aerosol particles. Journal of Colloid Science, 1962, 17(8): 768-780.

[135] Talbot L, Cheng R K, Schefer R W, et al. Thermophoresis of particles in a heated boundary layer. Journal of Fluid Mechanics, 1980, 101(04): 737-758.

[136] Beresnev S, Chernyak V. Thermophoresis of a spherical particle in a rarefied gas: Numerical analysis based on the model kinetic equations. Physics of Fluids, 1995, 7(7): 1743-1756.

[137] Sagot B. Thermophoresis for spherical particles. Journal of Aerosol Science, 2013, 65: 10-20.

[138] Schoen P A E, Walther J H, Poulikakos D, et al. Phonon assisted thermophoretic motion of gold nanoparticles inside carbon nanotubes. Applied Physics Letters, 2007, 90(25): 253116.

[139] Wurm G. Light-induced disassembly of dusty bodies in inner protoplanetary discs: implications for the formation of planets. Monthly Notices of the Royal Astronomical Society, 2007, 380(2): 683-690.

[140] Geretshauser R J, Speith R, Kley W. Collisions of inhomogeneous pre-planetesimals. Astronomy & Astrophysics, 2011, 536: A104.

[141] Kataoka A, Tanaka H, Okuzumi S, et al. Static compression of porous dust aggregates. Astronomy & Astrophysics, 2013, 554: A4.

[142] Wienken C J, Baaske P, Rothbauer U, et al. Protein-binding assays in biological liquids using microscale thermophoresis. Nature Communications, 2010, 1: 100.

[143] Aumatell G, Wurm G. Ice aggregate contacts at the nm-scale. Monthly Notices of the Royal Astronomical Society, 2014, 437(1): 690-702.

[144] Zienkiewicz O C, Cheung Y K. Finite element method in the solution of field problems. The Engineer, 1965, 24:501-510.

[145] Jean D, Antonio H. Finite Element Methods for Flow Problems. Chichester:John Wiley&Sons Ltd, 2003.

[146] Heinrich J C, Zienkiewicz O C. Quadratic finite element schemes for two-dimensional convective-transport problems. International Journal for Numerical Methods in Engineering, 1977, 11(12): 1831-1844.

[147] Brooks A N, Hughes T J R. Streamline upwind/Petrov-Galerkin formulations for convection dominated flows with particular emphasis on the incompressible Navier-Stokes equations. Computer Methods in Applied Mechanics and Engineering, 1982, 32(1): 199-259.

[148] Hughes T J R, Tezduyar T E. Finite element methods for first-order hyperbolic systems with particular emphasis on the compressible Euler equations. Computer Methods in Applied Mechanics and Engineering, 1984, 45(1): 217-284.

[149] Donea J. A Taylor–Galerkin method for convective transport problems. International Journal for Numerical Methods in Engineering, 1984, 20(1): 101-119.

[150] Zienkiewicz O C, Wu J. A general explicit or semi-explicit algorithm for compressible and incompressible flows. International Journal for Numerical Methods in Engineering, 1992, 35(3): 457-479.

[151] Zienkiewicz O C, Szmelter J, Peraire J. Compressible and incompressible flow; an algorithm for all seasons. Computer Methods in Applied Mechanics and Engineering, 1990, 78(1): 105-121.

[152] Zienkiewicz O C, Codina R. A general algorithm for compressible and incompressible flow-Part I. the split, characteristic-based scheme. International Journal for Numerical

Methods in Fluids, 1995, 20(8-9): 869-885.

[153] Zienkiewicz O C, Satya Sai B V K, Morgan K, et al. Split, characteristic based semi-implicit algorithm for laminar/turbulent incompressible flow. International Journal for Numerical Methods in Fluids, 1996, 23: 787-809.

[154] Nithiarasu P, Liu C B. An artificial compressibility based characteristic based split (CBS) scheme for steady and unsteady turbulent incompressible flows. Computer Methods in Applied Mechanics and Engineering, 2006, 195(23): 2961-2982.

[155] Zienkiewicz O C, Taylor R L, Nithiarasu P. The finite element method for fluid dynamics. 6th edn. London: Butterworth-Heinemann, 2005.

[156] Zienkiewicz O C, Rojek J, Taylor R L, et al. Triangles and tetrahedra in explicit dynamic codes for solids. International Journal for Numerical Methods in Engineering, 1998, 43(3): 565-583.

# 第 2 章　纳米流体以及绕圆柱流动的模拟

## 2.1　纳米流体研究简介

### 2.1.1　纳米流体的应用与描述

颗粒两相流体广泛存在于自然和工程应用中。普通颗粒一般为毫米或微米量级，比如 PM2.5 就对应大气中粒径小于 2.5μm 的精细颗粒。纳米颗粒是指粒径小于 100nm 的金属或非金属颗粒。若将纳米颗粒均匀、稳定地分散在传统的传热流体中，就形成了纳米流体。由于纳米颗粒具有优异的力学、光学和热学性能，纳米流体可用于传热、能源、机械和生物医学等领域。实际上，纳米流体可取代热管中的传统换热工质，改善车辆发动机和质子交换膜燃料电池的冷却系统性能，还可提高平板太阳能吸收器的集热效率。另外，纳米流体用于流体机械加工，会产生表面增强效果，还能降低切削力和减小功耗。

纳米流体作为一种特殊的两相流体，可以用两相流模型来描述。经典的两相流模型包括连续介质模型或颗粒拟流体模型，离散颗粒模型和流体拟颗粒模型。离散颗粒模型多用于分析流体与颗粒间相互作用的影响。由于尺寸很小，纳米颗粒在液体中会经历强烈的布朗运动，从而克服由重力引起的沉降。纳米流体整体上可视为一种介质，已有很多相关的理论关联式和实验拟合模型用于描述其有效粘性和热导率等。在理论分析的基础上，很多研究者开展了纳米流体流动的数值模拟，包括湍流混合对流，多孔介质中的对流换热等。

### 2.1.2　纳米流体的制备

纳米流体的性能很大程度上取决于它的制备过程。稳定性是制备纳米流体过程中需要解决的关键问题之一。纳米颗粒具有很高的表面能，所以具有分散性的多相系统的纳米流体是热力学不稳定的。由范德华力引起的纳米颗粒的团聚也会导致纳米流体的分散性变差。另一方面，强烈的布朗运动可以使纳米颗粒克服重力的作用从而避免沉降。另外，纳米流体在工作环境下，一般要求颗粒与流体以及颗粒之间不会发生化学反应。总之，团聚和沉降对于纳米流体的稳定性有着重要的影响。

纳米流体的制备对于提高流体的热导率具有关键作用。目前常采用两种方法制备纳米流体[1]，即单步法和两步法。

1. 单步法

单步法制备纳米流体是指纳米颗粒的制备与颗粒分散于基液中一起完成，一般利用化学过程，通过在液相中生成纳米颗粒，直接得到纳米流体。美国阿贡国家实验室的 Choi 等[2] 利用气相沉积法制备了几种分散有铜纳米颗粒的纳米流体。Zhu 等[3] 采用次亚磷酸钠和五水硫酸铜为原料，在微波辐射条件下，得到铜 - 乙二醇纳米流体。Jing 等[4] 采用简易的单步法，通过正硅酸乙酯在有机溶剂中的水解与缩合，制备了分散性好的氧化硅 - 水纳米流体。采用一步法制备纳米流体，粒径易于调控，分散性好，不过对设备性能要求较高，难于实现工业化。

2. 两步法

两步法是指首先制备纳米粉体，然后将其分散于液体介质中得到纳米流体。由于纳米颗粒尺寸小，具有很高的表面活性，易于发生团聚，因此需要采取适当的处理方式进行分散，以达到稳定纳米流体的目的。由于纳米颗粒团聚体中的范德华力较强，机械搅拌不能达到分散的要求，一般采用超声分散并做进一步的处理，从而获得稳定的纳米颗粒悬浮液。对于金属纳米颗粒，可以通过表面改性措施改善纳米流体的分散性[5]。虽然两步法生成的纳米颗粒容易团聚进而沉淀，但其工艺成本低，制备种类丰富，可实现工业化生产，因此广为国内外研究人员所采用[6]。

当然，对于不同类型的纳米颗粒，比如金属颗粒，金属氧化物颗粒和碳纳米管等，具体的制备过程也是有区别的。下面我们选取几种常用类型的纳米流体，对其制备方法分别进行简要的介绍。

(1) 碳纳米管

碳纳米管具有优异的热学、力学和电学性能，尤其轴向热导率可达铜的 15 倍。通过化学气相沉积法制备的纳米流体，所收集到的原始碳纳米管会发生团聚和纠缠[7]。不过，可以引入亲水性官能团对碳纳米管进行表面修饰，然后再分散到基础流体中，比如氢氧化钾可被用来修改碳纳米管的表面。另外，如果不加入表面活性剂，即使通过超声振荡分散，大多数碳纳米管在几分钟内都会沉淀，比如对于去离子水中碳纳米管的体积分数为 0.1% 的情况。而经过化学修饰后的碳纳米管悬浮液可以保持稳定几个月，在容器底部不会发生明显的沉淀[8]。通过加入硝酸和硫酸等调整 pH 值也可达到稳定悬浮的要求[9]。将适量的阿拉伯胶用磁力搅拌器溶解在去离子水中，再加入多壁碳纳米管也有助于保持分散性[10]。一般地，对碳纳米管进行官能团修饰或加入表面活性剂，可以达到稳定碳纳米管纳米流体的目的。

(2) 氧化铜

作为一种广泛使用的材料，氧化铜纳米颗粒已被应用于热电、超导以及催化等领域。通常采用单步法和两步法制备氧化铜纳米流体。用两步法制备的纳米流体一般需要连续超声处理 6 小时以上。对于单步法，使用单脉冲激光束 (比如波长为 532nm) 进行脉冲激光烧蚀液体, 可以制造出分散稳定的氧化铜纳米流体, 这源于在激光烧蚀过程从水分子解离的离子[11]。研究表明, 采用气相凝聚法制备的 CuO 纳米流体的 pH 值基本不随颗粒浓度发生变化[12]。经过超声波振荡的颗粒粒径要大于普通制备的颗粒。对于旋转盘的反应器中合成的 CuO 纳米颗粒, 如果采用 NaHMP 作为分散剂, 可制备出体积分数小于 0.4% 的稳定的 CuO 纳米流体。随着质量分数的增加, 超声振荡需要的时间也越长[13]。总体上, 氧化铜纳米流体的稳定时间相对较短。表面活性剂的加入会减小颗粒的平均粒径, 提高颗粒的分散性, 使悬浮液趋于更加稳定[14]。

(3) 氧化铝

作为最具成本效益的材料之一, 高性能细晶粒的氧化铝有着广阔的应用前景。制备稳定的氧化铝纳米颗粒悬浮液对表面活性剂的选取和浓度的要求都很高。对于以航空煤油为基液的氧化铝纳米流体, 需要适当浓度的吐温 20 和油酸的组合[15], 才能保证得到的悬浮液是稳定的, 而且它与超声分散的时间无关。如果增加纳米粒子体积浓度, 需要添加表面活性剂的比例也更高。对于水基纳米流体, Suresh 等[16] 通过化学沉淀法合成了氧化铝纳米颗粒。他们通过 100 瓦的超声波脉冲在频率为 36 千赫左右连续振动 6 小时, 得到的电动电势约为 45 毫伏, 该方式制备的氧化铝 - 水纳米流体可以保持几周而不沉淀。如果依次使用均化器、电磁搅拌器、超声波振动器, 然后加入脱乙酰壳多糖作为分散剂也可以得到稳定的纳米流体[17]。通常地, 使用超声处理或调节 pH 值能获得几个星期不沉淀的悬浮液, 同时加入表面活性剂比如聚乙烯醇等则可以保持一个月或更长时间的稳定。

(4) 氮化铝

氮化铝 (AlN) 是近 20 年开始投入实际商业应用的材料。它具有一些特殊性能, 比如耐腐蚀, 介电系数低和高电阻等, 其热导率约为氧化铝的 8 到 10 倍。然而, 目前公开报道的关于 AlN 纳米流体的研究结果较少。Hu 等[18] 首次通过等离子电弧在气相中产生分散的 AlN 纳米颗粒。他们将蓖麻油作为分散剂, 以提高其悬浮液稳定性, 然后通过高速磁力搅拌器搅拌和超声分散, 所制备的样品可保持 2 周以上的稳定。使用不同基液制得的 AlN 纳米流体的悬浮性有很大差别, 比如将 AlN 纳米颗粒分别加入聚丙二醇 425 和聚丙二醇 2000, 边加边进行磁力搅拌, 制成相同体积分数 5% 的悬浮液, 放置 30 小时后, 前者的沉淀率大于 90%, 而后者小于 10%[19]。虽然不同的表面活性剂和物理措施被用于纳米流体的准备, 但该纳米流体稳定的时间一般不超过一个月。因此, 非常有必要寻找制备更稳定的 AlN 纳米流体的方法。

(5) 氧化硅

作为一种广泛使用的陶瓷材料, 二氧化硅具有良好的热稳定性和耐磨性。与前面几种颗粒类似, 将表面活性剂分散到基础流体中可以提高氧化硅纳米流体的稳定性。表面活性剂的选取与基础流体密切相关，对于基液为非极性有机溶剂的氧化硅纳米流体，分别对苯扎氯铵（BAC），苄索氯铵（BZC），和十六烷基三甲基溴化铵（CTAB）三种表面活性剂进行测试，对比发现，苯扎氯铵的分散效果最好[20]。对纳米颗粒进行表面修饰也能避免迅速沉淀，比如采用三甲氧基硅烷官能化的颗粒分散到水中，可以保持长达 12 个月的稳定[21]。

(6) 金和银

金 (Au) 和银 (Ag) 的金属纳米粒子，具有独特的热、光、电等性质，它们在生物检测和药物治疗方面都有潜在的应用价值。Patel 等[22] 采用柠檬酸钠还原的方法，首次制备了含有金和银颗粒的纳米流体。之后，研究人员开发了不同的方式来产生金和银纳米流体，采用多脉冲激光烧蚀液体的方法获得的样品可以稳定悬浮 7 个月以上，而且无需使用任何分散剂或表面活性剂[23]。颗粒在流体中的分散特征与自身的形状密切相关，相对于球形纳米颗粒，银纳米棒的悬浮稳定性要差一些[24]。金和银等金属纳米颗粒悬浮液可应用于热管等很多装置[25]。

(7) 铜

相对于金和银，铜的价格更低。由于具有良好的耐腐蚀性，铜广泛应用于制造电子电路和太阳能热水器等装置。通过使用油酸作为分散剂，Xuan 和 Li[26] 制备了铜 - 油和铜 - 水纳米颗粒悬浮液，经过超声振动 10 小时，稳定状态持续约一周而不沉淀。后来的研究表明，超声振动 3 小时的时间足以分散铜纳米流体[27]。经过超声、均化和磁力搅拌的纳米流体，尽管会有少量的团簇出现[28]，可以保持 15 天以上的悬浮稳定。一般采用聚乙烯吡咯烷酮 (PVP)、十二烷基苯磺酸钠 (SDBS) 或十六烷基三甲基溴化铵作为表面活性剂，盐酸和氢氧化钠用来调节 pH 值。另外，铜纳米流体一般不会保持稳定超过一个月，时间长短与体积分数和颗粒尺寸有关。

由上面的介绍可以看出，不同研究人员制备的纳米流体的稳定性区别较大，这与他们合成纳米流体的方法有关，当然，还因为它受很多因素的影响，比如纳米颗粒尺寸和体积分数，基础流体的类型，超声处理时间，表面活性剂的加入和 pH 值的调节等。

## 2.1.3　纳米流体的基本特性

### 1. 热导率

大多数纳米流体热物性的测量结果要超过经典宏观理论模型的预测值。传统的固 - 液悬浮液理论不能解释为什么低浓度的纳米颗粒可以显著提高基础液体的热导率。理论和实验之间的明显差距，促使许多研究者提出了新的物理概念和机制，以突破传统理论的局限。

传统固 - 液两相悬浮液的热导率模型，都是假设各相中的热传输是由扩散方程决定的，一般适用于微米或更大尺寸颗粒的悬浮液，其中考虑了颗粒和液体的热导率、颗粒体积分数和形状等影响因素。而纳米流体中纳米粒子的运动行为与纳米级固 - 液界面结构比常规的固 - 液悬浮液更复杂,因此不能仅通过扩散热输运机制进行分析。纳米流体导热系数的建模通常分为扩展已有模型和开发新的模型两类,分析布朗运动引起的微对流和近场辐射的效应则属于后者。Xuan 和 Li[26] 认为热导率的增强源于纳米颗粒的表面积增大效应,以及颗粒与颗粒间的碰撞。之后,Keblinski 等[29] 提出了四种可能的微观机制,包括颗粒的布朗运动,颗粒与液体界面处的分子级液层,纳米颗粒内部的弹道导热方式以及颗粒的团聚。后来的研究者考虑到界面热阻和颗粒流体间纳米层的影响,建立了基于分形的团簇模型[30],分析了球形和柱形颗粒形状的区别[31]。

实验表明,纳米流体的热导率强烈依赖颗粒尺寸和流体的温度,这可能源于布朗运动的影响,研究人员提出了动态导热模型[32]。当颗粒间的平均距离与颗粒直径同量级时,近场辐射效应变得更为重要[33]。

2. 粘性

热导率反映的是纳米流体的能量传输性质,另一主要输运特征是与动量有关的粘性。总体上,关于粘性的研究要少于热导率的分析。Einstein[34] 提出了低浓度球形颗粒悬浮液的粘性表达式。后来的研究者考虑了布朗运动和多体相互作用的影响[35]。基于实验测量粘性的结果,可以给出纳米流体的粘性模型,包括考虑了布朗效应,并将其推广到湍流的情况[36]。然而,目前还没有对多种纳米颗粒都适用的预测模型。大多数研究人员针对不同环境温度范围内,几种基液内的金属氧化物纳米颗粒进行研究。然后结合实验测量的数据,给出半经验的模型[32]。

3. 对流换热

纳米流体在实际应用中受到广泛关注,尤其在冷却领域,主要在于它能提高流体的对流换热性能。传热性能的提高主要与颗粒材料、体积分数和流动性能相关。一般地,对流换热系数的提高会伴随有少量压降的增加。

事实上,在有固体颗粒存在的情况下,流体的流动和热量的传递不会遵循与纯流体相同的路径。它们将通过更曲折的路径进行,该效果可以通过在相应能量方程中加入等效的扩散项来体现。该项不是真正的导热项,而是颗粒特征和流动性能的体现,包括颗粒的运动,体积分数和流动速度等。在这些机制中,颗粒的迁移在纳米流体的对流中发挥着重要作用,比如由于速度剪切和布朗扩散等。当平均颗粒浓度较高时,颗粒的分布会更加不均匀,比如近壁区可能具有较低的颗粒浓度,从而引起热导率以及传热速率的降低[37]。另外,纳米流体传热的努塞尔数、雷诺数和普朗特数的关联表达式对于层流和湍流也有较大的区别[38]。

## 2.2　纳米流体绕圆柱流动与传热的单相流模拟

本章针对典型的非定常流动与传热进行数值模拟，得到纳米流体绕圆柱流动传热的流动图案，分析其与一般圆柱绕流的不同特征，考察了添加小体积份额氧化铝纳米粒子的流体流动与传热的详细特征，并重点关注圆柱体附近的流动传热情况。

### 2.2.1　控制方程

对于纳米流体的计算大体分为单相流模型和两相流模型。单相流模型，即假设流体相与纳米粒子具有相同的速度和温度，数值模拟中纳米流体的物性参数依赖于粒子的浓度。二维直角坐标系下纳米流体的控制方程如下：

连续性方程

$$\frac{\partial u}{\partial x} + \frac{\partial v}{\partial y} = 0 \tag{2.1}$$

动量方程

$$\frac{\partial u}{\partial t} + u\frac{\partial u}{\partial x} + v\frac{\partial u}{\partial y} = \frac{1}{\rho_{nf}}\left(-\frac{\partial p}{\partial x} + \mu_{nf}\nabla^2 u\right) \tag{2.2}$$

$$\frac{\partial v}{\partial t} + u\frac{\partial v}{\partial x} + v\frac{\partial v}{\partial y} = \frac{1}{\rho_{nf}}\left(-\frac{\partial p}{\partial y} + \mu_{nf}\nabla^2 v\right) \tag{2.3}$$

能量方程

$$\frac{\partial T}{\partial t} + u\frac{\partial T}{\partial x} + v\frac{\partial T}{\partial y} = \frac{1}{(\rho c_p)_{nf}}\left(\frac{\partial}{\partial x}\left(k_{nf}\frac{\partial T}{\partial x}\right) + \frac{\partial}{\partial y}\left(k_{nf}\frac{\partial T}{\partial y}\right)\right) \tag{2.4}$$

通过定义以下参数，式 (2.1)∼ 式 (2.4) 可以改写为无量纲的形式：

$$x^* = \frac{x}{H}, \quad y^* = \frac{y}{H}, \quad u^* = \frac{u}{U_\infty}, \quad v^* = \frac{v}{U_\infty}, \quad t^* = \frac{U_\infty t}{H}, \quad p^* = \frac{p}{\rho U_\infty^2},$$

$$\rho^* = \frac{\rho}{\rho_\infty}, \quad T^* = \frac{T - T_\infty}{T_s - T_\infty} \tag{2.5}$$

因此方程的无量纲形式可表示如下，为简化起见，略去 * 标记。

连续性方程

$$\frac{\partial u}{\partial x} + \frac{\partial v}{\partial y} = 0 \tag{2.6}$$

动量方程

$$\frac{\partial u}{\partial t} + u\frac{\partial u}{\partial x} + v\frac{\partial u}{\partial y} = -\frac{\partial p}{\partial x} + \frac{1}{Re}\frac{\rho_f}{\rho_{nf}}\frac{\mu_{nf}}{\mu_f}\nabla^2 u \tag{2.7}$$

$$\frac{\partial v}{\partial t} + u\frac{\partial v}{\partial x} + v\frac{\partial v}{\partial y} = -\frac{\partial p}{\partial y} + \frac{1}{Re}\frac{\rho_f}{\rho_{nf}}\frac{\mu_{nf}}{\mu_f}\nabla^2 v \tag{2.8}$$

能量方程

$$\frac{\partial T}{\partial t} + u\frac{\partial T}{\partial x} + v\frac{\partial T}{\partial y} = \frac{\alpha_{nf}}{\alpha_f}\frac{1}{RePr}\nabla^2 T \tag{2.9}$$

上式中 $Re = \dfrac{\rho_f U_\infty H}{\mu_f}$，$Pr = \dfrac{\nu_f}{\alpha_f}$，$\alpha_f = \dfrac{k_f}{(\rho c_p)_f}$。其中 $\nu_f$，$\alpha_f$ 分别为流体的运动粘性系数和热扩散系数。

为了表征流体的传热特性，圆柱壁面的局部努塞尔数 $Nu$ 计算公式为

$$Nu = -k_{nf}/k_f \left(\frac{\partial T}{\partial n}\right)\bigg|_{r/D=0.5} \tag{2.10}$$

其中 $n$ 为壁面法向，$r$ 为距圆柱中心的径向距离。绕圆柱壁面的平均努塞尔数由下式计算：

$$\overline{Nu} = \frac{1}{2\pi}\int_0^{2\pi} Nu\mathrm{d}\theta \tag{2.11}$$

其中，$\theta$ 为绕圆柱的周向角。壁面平均努塞尔数的时间平均由下式计算：

$$\overline{\overline{Nu}} = \frac{1}{T_c}\int_0^{T_c} \overline{Nu}\mathrm{d}t \tag{2.12}$$

其中，$T_c$ 为绕圆柱流动的周期。

计算中纳米流体的物性参数与纳米粒子的体积份额 $\varphi$ 有关。纳米流体的动力粘性系数由下式近似[39]：

$$\mu_{nf} = \frac{\mu_f}{(1-\varphi)^{2.5}} \tag{2.13}$$

纳米流体的密度为

$$\rho_{nf} = (1-\varphi)\rho_f + \varphi\rho_s \tag{2.14}$$

流体的等压比热表示如下：

$$(\rho c_p)_{nf} = (1-\varphi)(\rho c_p)_f + \varphi(\rho c_p)_s \tag{2.15}$$

考虑布朗运动的影响，纳米流体的有效热传导系数近似[40]

$$k_{nf} = \frac{k_s + 2k_f - 2\varphi(k_f - k_s)}{k_s + 2k_f + \varphi(k_f - k_s)}k_f + 5\times10^4\beta\varphi\rho_f C_{pf}\sqrt{\frac{k_B T}{\rho_p d_p}}f(T,\varphi) \tag{2.16}$$

其中 $k_B = 1.3805\times10^{-23}$，$\beta = 8.4407(100\varphi)^{-1.07304}$。

拟合函数

$$f(T,\varphi) = (2.8217 \times 10^{-2}\varphi + 3.917 \times 10^{-3})\left(\frac{T}{T_0}\right)$$
$$- 3.0669 \times 10^{-2}\varphi - 3.91123 \times 10^{-3} \qquad (2.17)$$

参考温度 $T_0 = 273\mathrm{K}$。

计算中纳米流体的物性参数与纳米粒子的体积份额 $\varphi$ 有关。纳米流体的动力粘性系数、密度、等压比热和导热系数由式 (2.13)~ 式 (2.16) 近似。基础流体和纳米粒子的物性参数见表 2.1[41]。这里采用的是氧化铝和铜纳米粒子。

表 2.1　不同纳米流体的物性参数

| 流体/粒子 | 密度/(kg·m⁻³) | 比热/(J·(kg·K)⁻¹) | 热传导系数/(W·(m·K)⁻¹) | 动力粘性系数/(Pa·s) |
|---|---|---|---|---|
| 水 | 997.13 | 4 180 | 0.613 | 0.000 891 |
| 氧化铝 | 3 970.0 | 763.0 | 40.0 | — |
| 氧化铜 | 6 320.0 | 531.8 | 76.5 | — |
| 铜 | 8 933.0 | 385.0 | 401 | — |
| 银 | 10 500 | 235.0 | 429 | — |

### 2.2.2　边界条件与数值验证

本章采用 Zienkiewicz 等[42] 发展的 CBS 算法的计算纳米流体绕圆柱的粘性不可压低雷诺数流动与传热。由于低雷诺数下流动主要特征是二维的,控制方程采用原始变量形式的二维不可压 N-S 方程。计算采用三角形单元,图 2.1 给出了圆柱周围的有限单元的分布。计算区域为矩形,上、下边界与圆柱中心垂直距离为 10 倍圆柱直径,左边界与圆柱中心水平距离为 7 倍圆柱直径,右边界与圆柱中心水平距离为 25 倍圆柱直径,区域内包含 73942 个单元。边界条件为圆柱壁面速度采用无滑移条件,边界温度采用等温边界,入流边界指定来流速度与温度,上下边界采用对称边界条件,出流边界采用一维无粘关系式。

作为对计算结果的验证,首先选取 $Re = 40$ 的定常尾涡流动状态进行比较。图 2.2 表示的是壁面压力系数分布。这里的结果与 Grove 等[43] 的实验数据的对比是令人满意的。对于 $Re = 100$ 的非定常情况,这里得到的 $St$ 为 0.165,与 Williamson[44] 给出的结果 0.164 相符。对于 $Re = 100$,$Pr = 0.74$ 的情况,这里给出的平均努塞尔数为 5.07,与 Mettu[45] 的数值结果 5.08 非常接近,与对应的实验结果 5.19 也比较符合[46]。图 2.3 和图 2.4 给出了计算得到的瞬时压力和温度等值线分布图。

图 2.1 圆柱周围网格

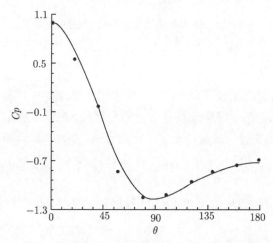

图 2.2 壁面压力系数的对比，实线为本书结果

图 2.3 低雷诺数圆柱绕流中的涡量等值线

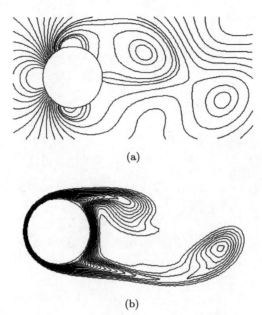

(a)

(b)

图 2.4　压力等值线图和温度等值线图

### 2.2.3　结果与分析

图 2.5 和图 2.6 分别给出了 $Re = 100$ 的非定常绕流同一时刻流场中的涡量和温度分布,注意到两者在下游尾迹具有很大的相似性,在近尾迹由于涡量沿壁面非均匀的分布特征和温度的等温条件而有一定的差别。实际上,二维不可压流动的涡量方程 $\dfrac{\partial \omega}{\partial t} + u \dfrac{\partial \omega}{\partial x} + v \dfrac{\partial \omega}{\partial y} = \nu \left( \dfrac{\partial^2 \omega}{\partial x^2} + \dfrac{\partial^2 \omega}{\partial y^2} \right)$,其中 $\nu$ 为运动粘性系数,与前边的能量方程相比只有扩散项的系数不同,所以两者等值线的形状趋于一致。

图 2.5　尾迹中涡量等值线图

图 2.6　尾迹中温度等值线图

图 2.7 给出了同一时刻的纯水和氧化铝-水纳米流体沿圆柱壁面的 $Nu$ 的分

布。可以看出 $Nu$ 的最大值出现在前驻点 $\theta = 0$ 附近，而后由于沿圆柱壁面温度边界层变厚 $Nu$ 一直减小，在非定常的分离点附近出现最低值，后又逐渐增加到后驻点，该处情形与前驻点类似，只是由于速度较小而极值较低。图 2.8 给出了不同时刻下的纯水和氧化铝–水纳米流体沿圆柱壁面的平均 $Nu$ 的变化过程。可以看出不可压氧化铝–水纳米流体的 $Nu$ 随着流动的周期演化几乎呈正弦变化。可以明显看出添加了纳米粒子的流体局部和平均 $Nu$ 都是增加的。纳米粒子的体积分数越大，$Nu$ 的波动幅度也较大，波动周期略有减小。

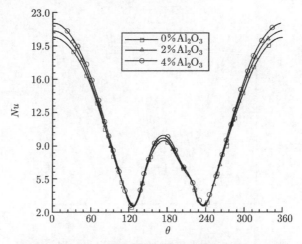

图 2.7 氧化铝–水纳米流体沿圆柱壁面的 $Nu$ 分布

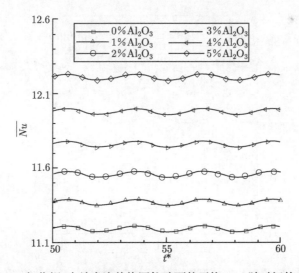

图 2.8 氧化铝–水纳米流体绕圆柱壁面的平均 $Nu$ 随时间的变化

　　图 2.9 描绘了同一时刻的纯水和铜–水纳米流体沿圆柱壁面的 $Nu$ 的分布。图 2.10 显示了不同时刻下的纯水和铜–水纳米流体沿圆柱壁面的平均 $Nu$ 的变化过程。可以观察到，这与氧化铝–水纳米流体的分布是相似的，而其局部和平均值略有增加，这主要是由于铜粒子具有较高的热导率。图 2.11 表明，对于小的体积分数 $\varphi < 5\%$，努塞尔数的时间平均值随着纳米粒子的体积分数几乎呈线性增加。局部和平均 $Nu$ 的明显增加表明了，纳米流体有利于增强流动的传热速率。

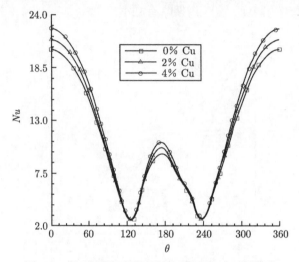

图 2.9　铜–水纳米流体沿圆柱壁面的 $Nu$ 的分布

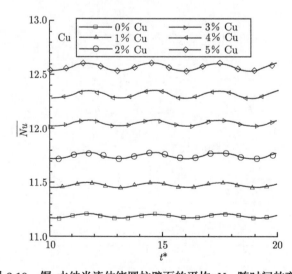

图 2.10　铜–水纳米流体绕圆柱壁面的平均 $Nu$ 随时间的变化

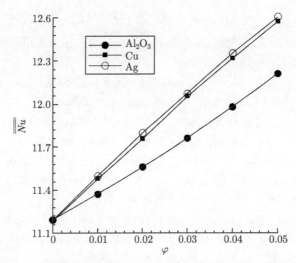

图 2.11　时间平均的壁面平均努塞尔数随粒子体积分数的变化

## 2.3　本章小结

　　纳米流体在机械电子、能源动力和生物医学等领域有广阔的应用前景。作为一种特殊的两相流体，通常运用离散颗粒模型来分析纳米流体。纳米流体的实际性能依赖于它的稳定性，而纳米颗粒的悬浮稳定在很大程度上取决于它的制备过程。本章介绍了目前经常采用的制备纳米流体的两类方法，并描述了八种不同类型纳米颗粒的制备过程。另外，从整体上对纳米流体的有效热导率、粘性和对流传热特性进行了分析。

　　数值模拟是研究低雷诺数圆柱绕流的重要手段，而有限元法是数值模拟中的主要方法之一。本章用 CBS 有限元方法开展数值模拟，得到低雷诺数圆柱绕流的流动图案，并与以往研究中低雷诺数定常和非定常的流动结果作对比，验证了计算的准确性。运用有限元方法对不同纳米流体绕圆柱的流动和传热进行了数值研究。分析了同一时刻流场内涡量和温度分布，两者在下游尾迹具有很大的相似性的原因。通过对照圆柱壁面的努塞尔数分布，比较了普通流体和几种不同纳米流体的传热特性。结果表明，添加了纳米粒子的非定常圆柱绕流，随着粒子体积分数的增加，其传热性能明显增强。

## 参 考 文 献

[1] Sidik N A C, Mohammed H A, Alawi O A, et al. A review on preparation methods and challenges of nanofluids. International Communications in Heat and Mass Transfer,

2014, 54: 115-125.

[2] Choi S U S, Eastman J A. Enhanced heat transfer using nanofluids. Argonne National Laboratory (ANL), Argonne, IL, 2001.

[3] Zhu H, Lin Y, Yin Y. A novel one-step chemical method for preparation of copper nanofluids. Journal of Colloid and Interface Science, 2004, 277(1): 100-103.

[4] Jing D, Hu Y, Liu M, et al. Preparation of highly dispersed nanofluid and CFD study of its utilization in a concentrating PV/T system. Solar Energy, 2015, 112: 30-40.

[5] Swanson E J, Tavares J, Coulombe S. Improved dual-plasma process for the synthesis of coated or functionalized metal nanoparticles. IEEE Transactions on Plasma Science, 2008, 36(4): 886-887.

[6] Haddad Z, Abid C, Oztop H F, et al. A review on how the researchers prepare their nanofluids. International Journal of Thermal Sciences, 2014, 76: 168-189.

[7] Chen L, Xie H, Li Y, et al. Nanofluids containing carbon nanotubes treated by mechanochemical reaction. Thermochimica Acta, 2008, 477(1): 21-24.

[8] Su F, Ma X, Lan Z. The effect of carbon nanotubes on the physical properties of a binary nanofluid. Journal of the Taiwan Institute of Chemical Engineers, 2011, 42(2): 252-257.

[9] Liu Z H, Yang X F, Xiong J G. Boiling characteristics of carbon nanotube suspensions under sub-atmospheric pressures. International Journal of Thermal Sciences, 2010, 49(7): 1156-1164.

[10] Garg P, Alvarado J L, Marsh C, et al. An experimental study on the effect of ultrasonication on viscosity and heat transfer performance of multi-wall carbon nanotube-based aqueous nanofluids. International Journal of Heat and Mass Transfer, 2009, 52(21): 5090-5101.

[11] Lee S W, Park S D, Bang I C. Critical heat flux for CuO nanofluid fabricated by pulsed laser ablation differentiating deposition characteristics. International Journal of Heat and Mass Transfer, 2012, 55(23): 6908-6915.

[12] Liu Z H, Li Y Y, Bao R. Thermal performance of inclined grooved heat pipes using nanofluids. International Journal of Thermal Sciences, 2010, 49(9): 1680-1687.

[13] Harikrishnan S, Kalaiselvam S. Preparation and thermal characteristics of CuO–oleic acid nanofluids as a phase change material. Thermochimica Acta, 2012, 533: 46-55.

[14] Byrne M D, Hart R A, da Silva A K. Experimental thermal–hydraulic evaluation of CuO nanofluids in microchannels at various concentrations with and without suspension enhancers. International Journal of Heat and Mass Transfer, 2012, 55(9): 2684-2691.

[15] Sonawane S, Patankar K, Fogla A, et al. An experimental investigation of thermophysical properties and heat transfer performance of $Al_2O_3$-aviation turbine fuel nanofluids. Applied Thermal Engineering, 2011, 31(14): 2841-2849.

[16] Suresh S, Selvakumar P, Chandrasekar M, et al. Experimental studies on heat transfer and friction factor characteristics of $Al_2O_3$/water nanofluid under turbulent flow with spiraled rod inserts. Chemical Engineering and Processing: Process Intensification, 2012, 53: 24-30.

[17] Hung Y H, Teng T P, Lin B G. Evaluation of the thermal performance of a heat pipe using alumina nanofluids. Experimental Thermal and Fluid Science, 2013, 44: 504-511.

[18] Hu P, Shan W L, Yu F, et al. Thermal conductivity of AlN–ethanol nanofluids. International Journal of Thermophysics, 2008, 29(6): 1968-1973.

[19] Wozniak M, Danelska A, Kata D, et al. New anhydrous aluminum nitride dispersions as potential heat-transferring media. Powder Technology, 2013, 235: 717-722.

[20] Timofeeva E V, Moravek M R, Singh D. Improving the heat transfer efficiency of synthetic oil with silica nanoparticles. Journal of Colloid and Interface Science, 2011, 364(1): 71-79.

[21] Yang X F, Liu Z H. Pool boiling heat transfer of functionalized nanofluid under subatmospheric pressures. International Journal of Thermal Sciences, 2011, 50(12): 2402-2412.

[22] Patel H E, Das S K, Sundararajan T, et al. Thermal conductivities of naked and monolayer protected metal nanoparticle based nanofluids: Manifestation of anomalous enhancement and chemical effects. Applied Physics Letters, 2003, 83(14): 2931-2933.

[23] Phuoc T X, Soong Y, Chyu M K. Synthesis of Ag-deionized water nanofluids using multi-beam laser ablation in liquids. Optics and Lasers in Engineering, 2007, 45(12): 1099-1106.

[24] Hari M, Joseph S A, Mathew S, et al. Thermal diffusivity of nanofluids composed of rod-shaped silver nanoparticles. International Journal of Thermal Sciences, 2013, 64: 188-194.

[25] Hajian R, Layeghi M, Sani K A. Experimental study of nanofluid effects on the thermal performance with response time of heat pipe. Energy Conversion and Management, 2012, 56: 63-68.

[26] Xuan Y, Li Q. Heat transfer enhancement of nanofluids. International Journal of Heat and Fluid Flow, 2000, 21(1): 58-64.

[27] Yang J C, Li F C, Zhou W W, et al. Experimental investigation on the thermal conductivity and shear viscosity of viscoelastic-fluid-based nanofluids. International Journal of Heat and Mass Transfer, 2012, 55(11): 3160-3166.

[28] Kole M, Dey T K. Thermal performance of screen mesh wick heat pipes using water-based copper nanofluids. Applied Thermal Engineering, 2013, 50(1): 763-770.

[29] Keblinski P, Phillpot S R, Choi S U S, et al. Mechanisms of heat flow in suspensions of nano-sized particles (nanofluids). International Journal of Heat and Mass Transfer,

2002, 45(4): 855-863.

[30] Wang B X, Zhou L P, Peng X F. A fractal model for predicting the effective thermal conductivity of liquid with suspension of nanoparticles. International Journal of Heat and Mass Transfer, 2003, 46(14): 2665-2672.

[31] Xue Q Z. Model for the effective thermal conductivity of carbon nanotube composites. Nanotechnology, 2006, 17(6): 1655.

[32] Azmi W H, Sharma K V, Mamat R, et al. The enhancement of effective thermal conductivity and effective dynamic viscosity of nanofluids–A review. Renewable and Sustainable Energy Reviews, 2016, 53: 1046-1058.

[33] Jiang H, Li H, Zan C, et al. Temperature dependence of the stability and thermal conductivity of an oil-based nanofluid. Thermochimica Acta, 2014, 579: 27-30.

[34] Einstein A. Eine neue Bestimmung der Moleküldimensionen. Annalen der Physik, 1906, 324(2): 289-306.

[35] Batchelor G K. The effect of Brownian motion on the bulk stress in a suspension of spherical particles. Journal of Fluid Mechanics, 1977, 83(1): 97-117.

[36] Garg J, Poudel B, Chiesa M, et al. Enhanced thermal conductivity and viscosity of copper nanoparticles in ethylene glycol nanofluid. Journal of Applied Physics, 2008, 103(7): 074301.

[37] Ding Y, Wen D. Particle migration in a flow of nanoparticle suspensions. Powder Technology, 2005, 149(2): 84-92.

[38] Hussein A M, Sharma K V, Bakar R A, et al. A review of forced convection heat transfer enhancement and hydrodynamic characteristics of a nanofluid. Renewable and Sustainable Energy Reviews, 2014, 29: 734-743.

[39] Brinkman H C. The viscosity of concentrated suspensions and solutions. The Journal of Chemical Physics, 1952, 20(4): 571-571.

[40] Vajjha R S, Das D K. A review and analysis on influence of temperature and concentration of nanofluids on thermophysical properties, heat transfer and pumping power. International Journal of Heat and Mass Transfer, 2012, 55(15): 4063-4078.

[41] Rana P, Bhargava R. Numerical study of heat transfer enhancement in mixed convection flow along a vertical plate with heat source/sink utilizing nanofluids. Communications in Nonlinear Science and Numerical Simulation, 2011, 16(11): 4318-4334.

[42] Zienkiewicz O C, Taylor R L, Nithiarasu P. The finite element method for fluid dynamics, 6th edn, London: Butterworth-Heinemann, 2005.

[43] Grove A S, Shair F H, Petersen E E. An experimental investigation of the steady separated flow past a circular cylinder. Journal of Fluid Mechanics, 1964, 19(01): 60-80.

[44] Williamson C H K. Vortex dynamics in the cylinder wake. Annual Review of Fluid Mechanics, 1996, 28(1): 477-539.

[45] Mettu S, Verma N, Chhabra R P. Momentum and heat transfer from an asymmetrically confined circular cylinder in a plane channel. Heat and Mass Transfer, 2006, 42(11): 1037-1048.

[46] Khiabani R H, Joshi Y, Aidun C K. Heat transfer in microchannels with suspended solid particles: lattice-Boltzmann based computations. Journal of Heat Transfer, 2010, 132(4): 041003.

# 第3章 通道内纳米流体的流动传热

## 3.1 微通道内纳米流体流动传热的数值模拟

随着微系统设备的微型化和集成度水平越来越高，必然要求高冷却强度，从而需要研究如何强化微小尺度下流体的对流传热。由于纳米流体特殊的导热性能，将其用于微尺度的对流传热，有利于提高换热效果，以适应高新技术中换热部件结构紧凑、热流密度高的特点。本章基于单相流和两相流模型，用数值模拟的方法分析微通道内纳米流体的流动与传热特性。

### 3.1.1 控制方程

描述二维不可压缩通道内的纳米流体流动的数学模型可以表示如式 (2.6)~式 (2.9)。

计算中纳米流体的物性参数与纳米粒子的体积份额 $\varphi$ 有关。纳米流体的动力粘性系数、密度、等压比热和导热系数由式 (2.28)~ 式 (2.32) 近似[1,2]。参考温度下基础流体和纳米粒子的物性参数见表 2.1[3]。这里采用的是氧化铝和氧化铜纳米粒子。

### 3.1.2 边界条件与数值验证

数值模拟采用 CBS 算法，这里忽略了质量力和源项的影响。由于 CBS 算法是一种采用了基于局部泰勒级数展开的特征线离散方法，所以不但可以导出合理的稳定项，而且可以得到计算简便的格式。运用 CBS 算法可以获得稳定的数值解，这已为大量的算例所证实，其应用也越来越广泛。由于低 $Re$ 下主要流动特征是二维的，控制方程基于原始变量形式的二维不可压 Navier-Stokes 方程，计算域如图 3.1 所示。计算域的长宽比为 10，该区域包含 56252 个三角形单元。

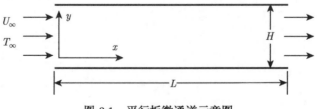

图 3.1 平行板微通道示意图

流动的边界条件为，入口处给定来流，即 $u = U_\infty$，$v = 0$，$T = T_\infty$，出口处流动充分发展，壁面速度

$$u - u_{\text{wall}} = \left(\frac{2 - \sigma_V}{\sigma_V}\right) Kn \left.\frac{\partial u}{\partial y}\right|_{\text{wall}} + \frac{3}{2\pi} \frac{\gamma - 1}{\gamma} \frac{Kn^2 Re}{Ec} \left.\frac{\partial T}{\partial x}\right|_{\text{wall}}$$

壁面温度

$$T - T_{\text{wall}} = \left(\frac{2 - \sigma_T}{\sigma_T}\right) \left(\frac{2\gamma}{\gamma + 1}\right) \frac{1}{Pr} \left[Kn \left.\frac{\partial T}{\partial y}\right|_{\text{wall}} + \frac{Kn^2}{2!} \left.\frac{\partial^2 T}{\partial y^2}\right|_{\text{wall}}\right]$$

其中 $\sigma_V$ 和 $\sigma_T$ 分别为分子与壁面碰撞的动量适应系数和能量适应系数，$Kn$ 为 Knudsen 数，代表分子平均自由程与流动特征长度之比。这里计算时取简化后的速度滑移和温度跳跃边界条件，即

$$u - u_{\text{wall}} = Kn \left.\frac{\partial u}{\partial y}\right|_{\text{wall}}, \quad T - T_{\text{wall}} = \frac{Kn}{Pr} \left.\frac{\partial T}{\partial y}\right|_{\text{wall}}$$

作为对计算程序的验证，这里模拟了通道内的流动情况并与其他研究者的数据进行了比较。图 3.2 给出了 $y/H = 0.5$ 处粒子体积分数为 4% 的氧化铝-水纳米流体的温度分布情况。这里的结果与 Yang 和 Lai[4] 的模拟数据还是很吻合的。

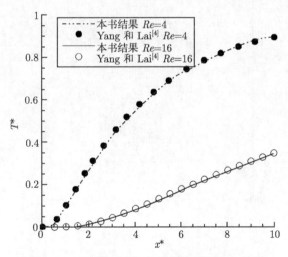

图 3.2　4% 的氧化铝-水纳米流体的温度分布

### 3.1.3　结果与分析

对于无滑移流的 $x/L = 0.5$ 和 $y/H = 0.5$ 处无量纲速度分布分别示于图 3.3 和图 3.4。速度的最大值约为入口速度的 1.5 倍。由于壁面附近入口速度相对均匀

流略有差异，所以最大值略小于理论值，对应的雷诺数范围为 $Re = 5 \sim 40$。当 $0 \leqslant x/L \leqslant 0.2$ 时，流体的速度急剧增加，$x/L > 0.2$ 速度基本不变，这与温度的变化是不同的，在这些雷诺数下流体的温度逐渐增加。

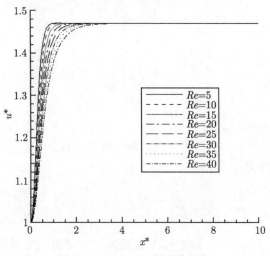

图 3.3　$y/H{=}0.5$ 的速度分布

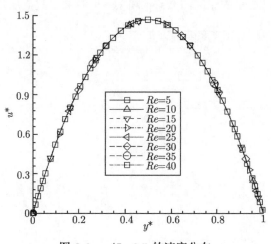

图 3.4　$x/L{=}0.5$ 的速度分布

对于滑移流区，图 3.5 给出了 $Re{=}20$，$x/L{=}0.5$ 处无量纲流体温度的分布随着纳米粒子的体积分数的变化[5]。可以看出，壁面附近的温度梯度随着纳米粒子的体积分数的改变而略有变化。而沿着 $x/L{=}0.5$，速度分布几乎是相同的，如图 3.6 所示。虽然体积分数是变化的，纳米流体的速度型却是相同的，这表明体积分数不影响速度分布。壁面附近的流体速度稍大于壁面，而温度稍低于壁面，这将导致 $Nu$

的减小。图 3.7 描绘了纳米流体在 $y/H$=0.5 处的温度分布。可以看出,当 $x/L$ >0.3 时,流体温度几乎呈线性增加。

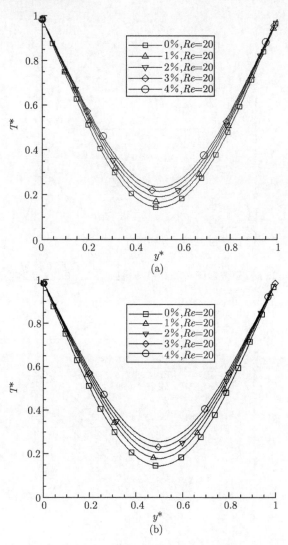

图 3.5　$Re$=20 时,随着粒子体积分数的增加,$x/L$=0.5 处流体的温度分布 (a) 氧化铝–水纳米流体 (b) 氧化铜–水纳米流体

图 3.8 给出了 $Re$=30 下随着纳米粒子体积分数的增加,$x/L$=0.5 处流体温度的分布。可以观察到,由于对流效应的增强,在通道中间的流体温度低于 $Re$=20 的情况。中心截面 $x/L$=0.5 处的速度分布几乎没有差异,如图 3.9 所示。如图 3.10 所示,从纳米流体的温度分布可以看出,当 $x/L$ >0.4 时流体的温度同样呈近似线

性的增加。

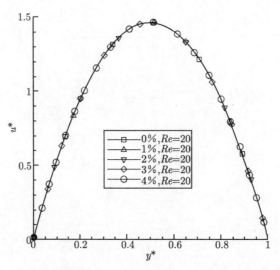

图 3.6 $Re=20$ 时，随着粒子体积分数的增加，$x/L=0.5$ 处流体的速度分布

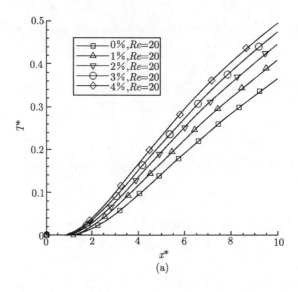

(a)

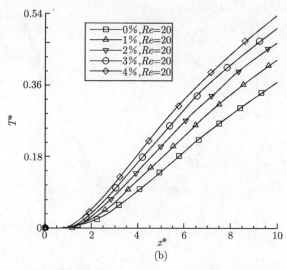

(b)

图 3.7 $Re=20$ 随着粒子体积分数的增加，$y/H=0.5$ 处流体的温度分布 (a) 氧化铝–水纳米流体 (b) 氧化铜–水纳米流体

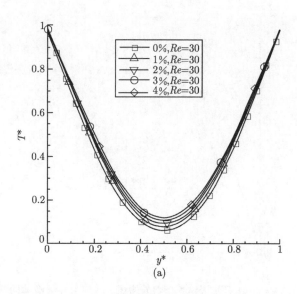

(a)

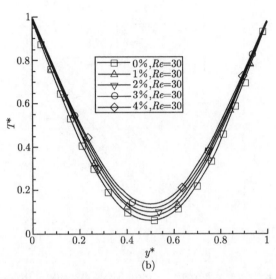

图 3.8　$Re=30$ 时，随着粒子体积分数的增加，$x/L=0.5$ 处流体的温度分布 (a) 氧化铝–水纳米流体 (b) 氧化铜–水纳米流体

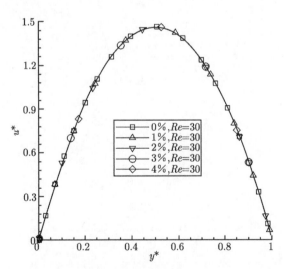

图 3.9　$Re=20$ 时，随着粒子体积分数的增加，$x/L=0.5$ 处流体的速度分布

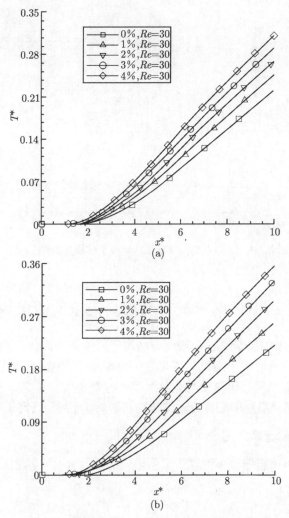

图 3.10　$Re$=30 时，随着粒子体积分数的增加，$y/H$=0.5 处流体的温度分布 (a) 氧化铝–水纳米流体 (b) 氧化铜–水纳米流体

　　图 3.11 表示 $Re = 20$ 和 $Re = 30$ 的纳米流体流动情况下，壁面上的平均努塞尔数的变化。可以看出，平均努塞尔数随着纳米粒子体积分数的增加而增加，$Re$ 越高，$Nu$ 增加的幅度越大。该图显示，含有氧化铜纳米粒子的流动，其平均努塞尔数的增长更明显，这主要是因为与氧化铝相比氧化铜具有更高的热导率。随着纳米粒子体积分数的增加，纳米流体的热导率提高从而其传热速率得到增强。

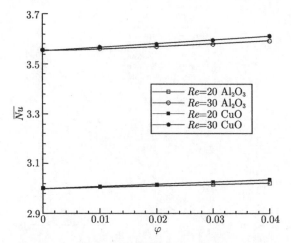

图 3.11　平均努塞尔数随着纳米粒子体积分数的变化

## 3.2　通道内纳米流体两相流模型的数值模拟

在本章中, 基于特征分离的有限元方法用于模拟基础流体流动的非定常方程, 拉格朗日轨迹方法求解粒子随时间变化的运动和温度方程。通过耦合求解粒子和流体方程对通道中纳米流体流动与传热过程进行数值模拟研究。本研究的主要目的是分析纳米粒子对通道中流体流动与传热的影响, 特别是低雷诺数的流动情况。

### 3.2.1　控制方程和计算方法

描述通道内不可压缩流体流动的矢量形式的控制方程可以表示如下:

连续性方程

$$\nabla \cdot \boldsymbol{V} = 0 \tag{3.1}$$

动量方程

$$\frac{\partial \boldsymbol{V}}{\partial t} + (\boldsymbol{V} \cdot \nabla)\boldsymbol{V} = \frac{1}{\rho}\left(-\nabla p + \mu \nabla^2 \boldsymbol{V}\right) + \boldsymbol{F}_p \tag{3.2}$$

能量方程

$$\frac{\partial T}{\partial t} + \boldsymbol{V} \cdot \nabla T = \frac{1}{(\rho c_p)}\nabla \cdot (k\nabla T) + q_p \tag{3.3}$$

上式中的源项 $\boldsymbol{F}_p$ 和 $q_p$ 分别代表流体和纳米颗粒之间的动量和能量的双向耦合作用。它们由下式给出[6]

$$\boldsymbol{F}_p = \frac{1}{\rho}\sum_{n_p}\frac{m_p}{\delta V}\frac{\mathrm{d}\boldsymbol{V}_p}{\mathrm{d}t}, \quad q_p = \frac{1}{\rho}\sum_{n_p}\frac{m_p}{\delta V}c_{pp}\frac{\mathrm{d}T_p}{\mathrm{d}t} \tag{3.4}$$

其中 $\delta V$ 是单元体积，$n_p$ 是单元内的颗粒数目，$m_p$ 是纳米粒子的质量，$c_{pp}$ 为颗粒的比热。$\dfrac{\mathrm{d}\boldsymbol{V}_p}{\mathrm{d}t}$ 和 $\dfrac{\mathrm{d}T_p}{\mathrm{d}t}$ 分别表示粒子的速度和温度变化率。

无量纲的流体方程可以表示如下：

连续性方程

$$\nabla \cdot \boldsymbol{V}^* = 0 \tag{3.5}$$

动量方程

$$\frac{\partial \boldsymbol{V}^*}{\partial t^*} + (\boldsymbol{V}^* \cdot \nabla)\boldsymbol{V}^* = -\nabla p^* + \frac{1}{Re}\nabla^2\boldsymbol{V}^* + \boldsymbol{F}_p^* \tag{3.6}$$

能量方程

$$\frac{\partial T^*}{\partial t^*} + \boldsymbol{V}^* \cdot \nabla T^* = \frac{1}{RePr}\nabla^2 T^* + q_p^* \tag{3.7}$$

其中 $Re = \dfrac{\rho U_\infty W}{\mu}$，$Pr = \dfrac{\nu}{\alpha}$，$\alpha = \dfrac{k}{\rho c_p}$，其中 $\nu$，$\alpha$ 分别代表流体的运动粘度和热扩散系数。参考温度下氧化铝–水纳米流体的物性参数见表 2.1[3]。

在拉格朗日坐标下，纳米粒子的运动方程由下式给出

$$\frac{\mathrm{d}V_p^*}{\mathrm{d}t} = \boldsymbol{F}_D + \boldsymbol{F}_B + \boldsymbol{F}_T + \boldsymbol{F}_L \tag{3.8}$$

等式右边各项分别表示颗粒所受的阻力、布朗力、热泳力和 Saffman 升力。

粒子受到周围流体的阻力 $\boldsymbol{F}_D$ 由斯托克斯公式计算

$$\boldsymbol{F}_D = \frac{18\nu\rho}{\rho_p d_p^2}(\boldsymbol{V} - \boldsymbol{V}_p) \tag{3.9}$$

布朗力 $\boldsymbol{F}_B$ 的分量可由高斯白噪声过程来模拟[7]

$$\boldsymbol{F}_B = \boldsymbol{\xi}\sqrt{\frac{\pi S_0}{\Delta t}} \tag{3.10}$$

上式中 $\boldsymbol{\xi}$ 的分量为期望为 0、方差为 1 的高斯随机数，$S_0 = \dfrac{216\nu k_B T}{\pi^2 \rho d_p^5 \left(\dfrac{\rho_p}{\rho}\right)^2 C_c}$，其中 $k_B$ 为玻尔兹曼常数，$C_c$ 为 Cunningham 修正系数。

粒子运动方程中包含的热泳力[8]

$$\boldsymbol{F}_T = -\frac{6\pi d_p \mu^2 C_s(K + C_t Kn)}{\rho(1 + 3C_m Kn)(1 + 2K + 2C_t Kn)}\frac{1}{T}\nabla T \tag{3.11}$$

其中热滑移系数 $C_s = 1.17$，热交换系数 $C_t = 2.18$，$C_m = 1.14$，热导率之比 $K = k/k_p$。

由于剪切流动引起的 Saffman 升力可由下式给出[9]

$$\boldsymbol{F}_L = \frac{2K_s \nu^{1/2} \rho d_{ij}}{\rho_p d_p (d_{lk} d_{kl})^{1/4}} (\boldsymbol{V} - \boldsymbol{V}_p) \qquad (3.12)$$

其中 $K_s = 2.594$，$d_{ij}$ 是变形张量。

粒子的温度方程由下式给出[10]

$$\frac{\mathrm{d}T_p}{\mathrm{d}t} = \frac{6kNu_p}{\rho_p c_{pp} d_p^2} (T - T_p) \qquad (3.13)$$

$Nu_p$ 为纳米粒子在流体中的努塞尔数，由 Ranz-Marshall 关系式计算

$$Nu_p = 2 + 0.6Re_p^{1/2} Pr^{1/3} \qquad (3.14)$$

其中，$Re_p = \dfrac{\rho d_p |\boldsymbol{V} - \boldsymbol{V}_p|}{\mu}$。

本章基于离散相模型模拟纳米流体的流动与传热。采用 CBS 算法[11] 的计算通道内粘性不可压流体低雷诺数的流动与传热，需要注意的是，计算动量方程和能量方程的时候需要加入流体和纳米颗粒之间的耦合作用的源项。纳米粒子对流体的作用体现在 Navier-Stokes(N-S) 方程中的修正源项上。离散相粒子的行为由其受力和传热平衡方程来求解。

由于低 $Re$ 下流动主要特征是二维的，控制方程基于原始变量形式的二维不可压 N-S 方程。计算域如图 3.12 所示，它包括平行板间的通道。通道的长度 $L$ 是宽度 $W$ 的 10 倍，该区域包含 56252 个三角形单元。入口处，水和纳米粒子以均匀的速度和温度进入通道。在通道出口，速度和温度采用无反射边界条件。由于这里流动的 $Kn < 0.001$，通道壁面处采用无滑移速度和等温边界条件。

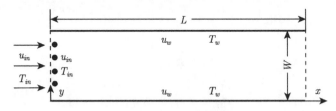

图 3.12　计算域示意图

## 3.2.2　结果与分析

图 3.13 描绘了通道中离散粒子跟随流体运动的输运情况。初始时刻，粒子位于入口处的一条垂直线上，随着流动向下游发展，颗粒彼此间距离逐渐增加，中心附近粒子首先到达通道的出口。由于粒子移动存在部分不规则性，分散颗粒相对中心线的分布呈现一定的非对称性。

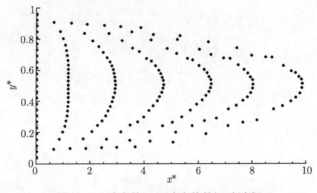

图 3.13 纳米粒子跟随流体的运动过程

图 3.14(a) 和 (b) 给出两个粒子在很短的一段时间内的运动路径。平均速度 $v$ 的大小约为主流平均速度 $u$ 的 0.002 倍。迹线中存在的脉动说明流体中纳米颗粒的布朗运动特征。可以看出纳米粒子轨迹的几何形状具有显著的分形特征,其中包含小的波动和大的涨落。如图 3.14(c) 和 (d) 所示,在较长一段时间内,一个流体层中的某些纳米粒子会迁移到不同的流体层中,这将导致粒子的速度和温度发生显著的变化。

图 3.15 表示下游通道内纳米粒子的瞬时分布。可以看出,通道中间的粒子分布比靠近壁面的两侧部分要均匀。这里,在入口处定期添加的纳米粒子以与流体相同的速度和温度进入通道并随流体流向下游。随着流动向下游的发展,纳米粒子的分布具有非定常和非均匀性,在壁面附近的平均粒子体积分数大于在中心部分。由于纳米粒子具有很高的热导率,通道内更多的能量被输运到下游。随着纳米粒子体积分数的增加,纳米流体传热速率逐渐提高,而这主要是由于其热导率的增加。通道内纳米流体的瞬时速度的的温度分布也分别示于图 3.15(a) 和 (b)。

图 3.16 显示了纳米粒子处于流动下游不同截面中的瞬时体积分数。可以看出,纳米粒子的体积分数的最大值出现在管壁附近。纳米粒子浓度的变化取决于当地的流体速度的空间分布以及颗粒与流体之间的相互作用。

沿着 $y/W$=0.5 的无量纲速度分布示于图 3.17。下游速度的平均值约为入口速度的 1.5 倍。这里流动 $Re$=20,$0 \leqslant x/L \leqslant 0.2$ 部分流体的速度迅速增加,$x/L \geqslant 0.2$ 部分的流体速度在平均值附近波动,这不同于温度逐渐上升的变化方式。图 3.18 给出了 $Re$=20,$y/W$=0.5 处流体的温度分布。可以看出,$x/L$ >0.3 部分流体的温度呈稍有波动式地线性增长。

图 3.19 表示 $Re$=20,$x/L$=0.5 处流体的温度分布随纳米粒子的体积分数增加的情况。可以看出,对于不同的纳米粒子体积分数壁面的温度梯度略有变化。

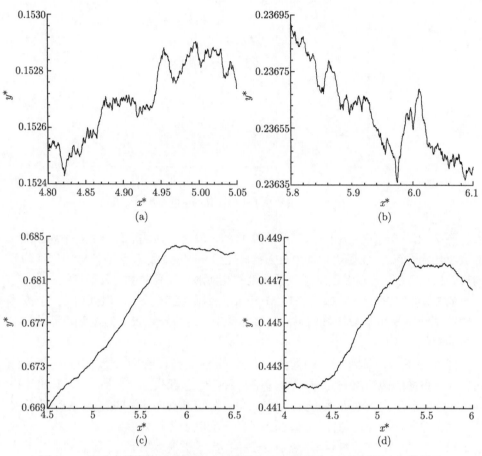

图 3.14　流动中纳米粒子的轨迹 (a) 粒子 I (b) 粒子 II (c) 粒子Ⅲ (d) 粒子Ⅳ

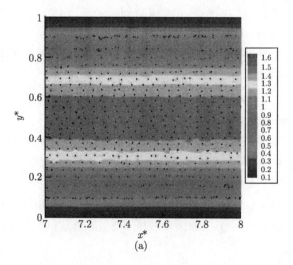

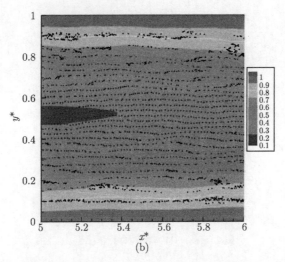

图 3.15 通道内纳米粒子的分布, 平均体积分数为 (a)1%, (b) 4%(后附彩图)

图 3.20 给出了 $x/L$=0.5 处的流体速度分布。不同体积分数下的速度分布是不同的, 表明体积分数会影响速度分布, 这与单相流模型的计算结果是有区别的。流体的速度在通道中间部分变小, 两侧部分略有增加, 另外, 可以看到中心部分具有明显的波动特征。

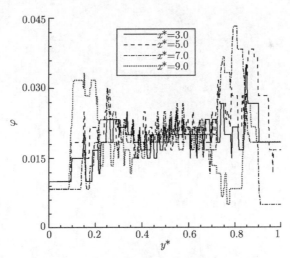

图 3.16 通道内纳米粒子体积分数的变化

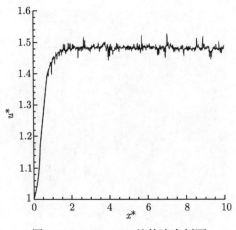

图 3.17　$y/W=0.5$ 处的速度剖面

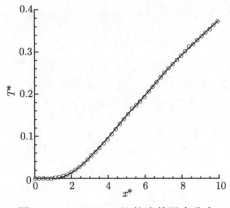

图 3.18　$y/W=0.5$ 处的流体温度分布

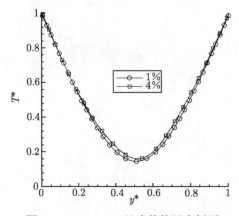

图 3.19　$x/L=0.5$ 处流体的温度剖面

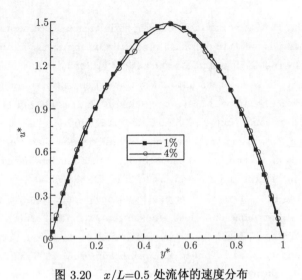

图 3.20　$x/L=0.5$ 处流体的速度分布

## 3.3　本 章 小 结

　　本章首先运用欧拉方法对纳米流体在微通道内的流动和传热进行了数值研究。主要考察了给定雷诺数和粒子体积分数下，纳米流体中的运动和传热过程，比较了普通流体和不同纳米流体的传热特性。由于纳米粒子的存在，流体的热传导性能增强，更多的能量被流体传递。结果表明，随着纳米粒子体积分数的增加，流体的传热性能逐渐增强。

　　本章运用欧拉–拉格朗日方法对氧化铝–水纳米流体在通道内的流动与传热过程进行了数值研究。由于纳米粒子的特殊尺寸效应，运动的粒子在非均匀流场中受到各种流体作用力的影响。数值模拟的结果表明，通道内粒子的分布具有强非定常性和非均匀性。纳米粒子的轨迹形状具有显著的分形特征，某些粒子会在不同流体层中转移，从而引起其速度、温度发生显著改变。在低雷诺数下，流体速度和温度分布显示出明显的波动特征。粒子体积分数影响流体非定常的速度和温度分布。可以看出，随着粒子体积分数的增加，流动的波动性增强。通过向基础流体添加纳米粒子，由于其热导率的提高，更多的能量被输运到下游，纳米流体的传热性能随着纳米粒子的增加而逐渐增强。

### 参 考 文 献

[1] Brinkman H C. The viscosity of concentrated suspensions and solutions. The Journal of Chemical Physics, 1952, 20(4): 571.

[2] Vajjha R S, Das D K. A review and analysis on influence of temperature and concentration of nanofluids on thermophysical properties, heat transfer and pumping power. International Journal of Heat and Mass Transfer, 2012, 55(15): 4063-4078.

[3] Rana P, Bhargava R. Numerical study of heat transfer enhancement in mixed convection flow along a vertical plate with heat source/sink utilizing nanofluids. Communications in Nonlinear Science and Numerical Simulation, 2011, 16(11): 4318-4334.

[4] Yang Y T, Lai F H. Numerical study of flow and heat transfer characteristics of alumina-water nanofluids in a microchannel using the lattice Boltzmann method. International Communications in Heat and Mass Transfer, 2011, 38(5): 607-614.

[5] Dong S L, Zheng L C, Zhang X X, et al. Heat transfer enhancement in microchannels utilizing Al$_2$O$_3$-water nanofluid，Heat Transfer Research，2012, 43(8): 695-707.

[6] Bianco V, Chiacchio F, Manca O, et al. Numerical investigation of nanofluids forced convection in circular tubes. Applied Thermal Engineering, 2009, 29(17): 3632-3642.

[7] Li A, Ahmadi G. Dispersion and deposition of spherical particles from point sources in a turbulent channel flow. Aerosol Science and Technology, 1992, 16(4): 209-226.

[8] Wen D, Zhang L, He Y. Flow and migration of nanoparticle in a single channel. Heat and Mass Transfer, 2009, 45(8): 1061-1067.

[9] Saffman P G T. The lift on a small sphere in a slow shear flow. Journal of Fluid Mechanics, 1965, 22(02): 385-400.

[10] Kondaraju S, Jin E K, Lee J S. Investigation of heat transfer in turbulent nanofluids using direct numerical simulations. Physical Review E, 2010, 81(1): 016304.

[11] Zienkiewicz O C, Taylor R L, Nithiarasu P. The finite element method for fluid dynamics, 6th edn, London: Butterworth-Heinemann, 2005.

# 第 4 章 颗粒流体间的布朗力和阻力

## 4.1 改进的布朗力模型及其运用

本节基于前人实验测量布朗运动的结果, 构造了新的计算布朗力的表达式, 在极限情况下, 该表达式为许多研究者采用的模型。另一方面, 基于布朗力源于流体分子对颗粒的非平衡作用力的特点, 构造了布朗力的拟阻力模型, 该力与尺寸关联的统计速度有关, 进而给出朗之万方程的另一种表达式。这里对新的模型进行了实验和数值验证。并将其用于模拟通道内纳米流体的流动和传热过程。通过数值模拟对通道中纳米流体流动与传热过程进行了研究。

### 4.1.1 随机力模型

由于布朗力不同于均方位移和均方速度, 它与具体粒子的瞬时运动密切有关, 短时间内分析的结果更为接近实际。这里沿用经典布朗力模型的构造思路, 考虑很短时间内粒子的运动状态, 给出一种新的粒子所受布朗力的表达式。

首先由朗之万方程

$$\frac{\mathrm{d}v}{\mathrm{d}t} + \beta v = F(t) \tag{4.1}$$

其中 $\beta = \dfrac{\alpha}{m_p}$, $m_p$ 为粒子质量, Stokes 阻力系数 $\alpha = 3\pi\mu d$, 其中 $\mu$ 为流体动力粘性系数, $d$ 为球体直径。对式 (4.1) 求积分得速度表达式为 $u - u_0 \mathrm{e}^{-\beta t} = \mathrm{e}^{-\beta t} \displaystyle\int_0^t F(\tau)\mathrm{d}\tau$, 再求一次积分得位移表达式

$$x - x_0 - u_0(1 - \mathrm{e}^{-\beta t})\beta^{-1} = \int_0^t F(\tau)[1 - \mathrm{e}^{-\beta(t-\tau)}]\beta^{-1}\mathrm{d}\tau \tag{4.2}$$

由于 $F(\tau)$ 涨落不定, 在 $\tau_1$ 和 $\tau_2$ 不关联。所以有 $\overline{F(\tau_1)F(\tau_2)} = 2\overline{S}\delta(\tau_1 - \tau_2)$, 其中 $\delta(\tau_1 - \tau_2)$ 是狄拉克 $\delta$ 函数。

将上式代入 (4.2) 式求平均得

$$\overline{[x - x_0 - u_0(1 - \mathrm{e}^{-\beta t})\beta^{-1}]^2} = \overline{S}\int_0^t [1 - \mathrm{e}^{-\beta(t-\tau)}]^2 \beta^{-2}\mathrm{d}\tau = \frac{\overline{S}}{\beta^2}\left[t - \frac{3 - 4\mathrm{e}^{-\beta t} + \mathrm{e}^{-2\beta t}}{2\beta}\right]$$

然后有均方位移

$$\overline{(\Delta x)^2} = \overline{(x - x_0)^2} = \overline{[u_0(1 - \mathrm{e}^{-\beta t})\beta^{-1}]^2} + \frac{\overline{S}}{\beta^2}\left[t - \frac{3 - 4\mathrm{e}^{-\beta t} + \mathrm{e}^{-2\beta t}}{2\beta}\right]$$

$$= \overline{u_0^2}[(1 - e^{-\beta t})\beta^{-1}]^2 + \frac{\overline{S}}{\beta^2}\left[t - \frac{3 - 4e^{-\beta t} + e^{-2\beta t}}{2\beta}\right] \tag{4.3}$$

由于实验测量的结果 $\overline{u^2} = \dfrac{k_B T}{m^*}$，$\overline{(\Delta x)^2} = \dfrac{k_B T}{m^*}t^2$，其中 $k_B$ 为玻尔兹曼常数，$T$ 为流体温度，$m^*$ 为有效质量，假定 $\overline{u_0^2} = \overline{u^2}$，代入上式，可得 $\overline{S} = \dfrac{\beta^2 t^2 + 2e^{-\beta t} - e^{-2\beta t} - 1}{2\beta t + 4e^{-\beta t} - e^{-2\beta t} - 3} \cdot \dfrac{2k_B T\beta}{m^*}$，令 $R_S = \dfrac{\beta^2 t^2 + 2e^{-\beta t} - e^{-2\beta t} - 1}{2\beta t + 4e^{-\beta t} - e^{-2\beta t} - 3}$，则

$$\overline{S} = R_S \frac{2k_B T\beta}{m^*} \tag{4.4}$$

当 $t \to 0$ 时，$R_S \to \dfrac{3}{2}$，$R_S$ 随着 $t$ 的增加而增加。

考虑到实际有效质量为粒子质量加位移流体质量的一半，即 $m^* = m_p + m_{df}/2$。特别地，当 $m_p = m_{df}$ 即 $\rho_p = \rho_f$ 时，$\overline{S} = R_S \dfrac{2k_B T\beta}{3m_p/2}$，当 $t \to 0$ 时，$\overline{S} = \dfrac{2k_B T\beta}{m_p} = \dfrac{2k_B T\alpha}{m_p^2}$。该结果对应之前很多研究者采用的模型。如果考虑滑移的影响，则 $\overline{S} = \dfrac{2k_B T\beta}{m_p C_c}$，其中 $C_c$ 为 Cunningham 修正系数。

然后沿用高斯白噪声的模拟方法，可得布朗力

$$F_B = F(t) = \xi\sqrt{\frac{\overline{S}}{\Delta t}} \tag{4.5}$$

其中 $\xi$ 为期望为零，方差为 1 的高斯随机数，$\Delta t$ 为计算时间步长。

### 4.1.2　拟阻力模型

众所周知，布朗力源于周围流体分子对粒子的非平衡作用力。如果考虑两个极端的情况，一是将单个分子视为粒子，则分子的运动可以看作布朗运动，而对于半径大于 5μm 的大尺寸粒子，大量流体分子对它的整体作用力为零，布朗运动消失。对一般的小尺寸粒子，围绕其表面，附近分子对粒子的综合作用力不为零。粒子受到周围流体分子的作用力可视为具有速度的流体对于粒子的阻力，该速度为周围流体分子瞬时速度的平均值。一维情况下，这个与尺寸有关的速度可由下式计算，$\tilde{u}(t) = \sum\limits_{i=1}^{N} u_i/N$，其中 $u_i$ 代表分子速度不是速率。而在较大尺寸来看，该速度对应一般意义上的流体速度，比如宏观静止流体该速度为零。需要注意的是，该速度与宏观的湍流脉动速度不同，它与分子数有关，对于单个分子即是本身的速度，

分子数较大时为宏观流体速度。可由分子动力学方法计算得到再统计平均,如果空间、时间精度达到要求的话可由实验测量。这样流体施加在粒子上的布朗力为 $F_B = \beta(\widetilde{v} - v)$。从而朗之万方程可改写为 $\dfrac{\mathrm{d}v}{\mathrm{d}t} + \beta v = \beta(\widetilde{v} - v)$ 或

$$\frac{\mathrm{d}v}{\mathrm{d}t} + 2\beta v = \beta\widetilde{v} \tag{4.6}$$

另一方面,粒子受到周围流体分子的作用力,与充满该粒子体积的流体分子团所受的作用力相同。这类似于阿基米德的浮力解释。该力等于流体分子团的速度变化率与质量的乘积。朗之万方程还可写为 $\dfrac{\mathrm{d}v}{\mathrm{d}t} + \beta v = \dfrac{\mathrm{d}\widetilde{v}}{\mathrm{d}t}\dfrac{\rho_f}{\rho_p}$。注意到两个平均的选用的体积不同,前者是粒子周围的分子,后者是粒子体积内的等效流体分子。

### 4.1.3 布朗力模型的验证

为了验证上面的布朗力模型的有效性,这里通过计算布朗运动的均方位移与理论值作对比。选取了模拟的 1000 个粒子轨迹,然后对它们进行平均得到粒子的均方位移。氧化硅粒子均方位移随时间的变化示于图 4.1。可以看出数值模拟的结果与理论值符合得很好。这里粒子直径为 1μm。

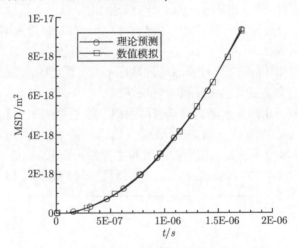

图 4.1　粒子均方位移的理论和模拟结果对比

然而在较长的时间段内,实验测量的结果表明,虽然气体中氧化硅粒子均方位移与时间的二次方成正比 $\overline{(\Delta x)^2} = \dfrac{k_B T}{m} t^2$,而在液体中,时间的幂次在 1 至 2 之间,液体粘性越大,越接近 1。如图 4.2,用幂函数分别对两组实验数据[1]进行曲线拟合得到 $\overline{(\Delta x)^2} = 1.3 \times 10^{-10} t^{1.4}$ 和 $\overline{(\Delta x)^2} = 3.0 \times 10^{-10} t^{1.6}$。该幂指数随流体密度,粘性增大而变小,粒子体积密度增大而变大,流体温度增大而减小。

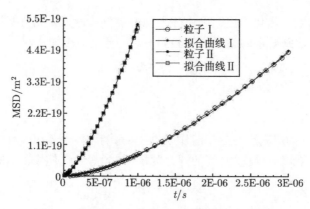

图 4.2　粒子均方位移的实验结果和幂函数拟合

### 4.1.4　通道流动中的应用

采用两相流模型中的离散相模型模拟纳米流体的流动与传热。描述不可压缩的流体流动的数学模型可以表示如上章中的式 (3.5)~ 式 (3.7)。

在拉格朗日坐标下，纳米粒子的运动方程和温度方程由式 (3.8) 和式 (3.13) 给出。颗粒所受的阻力、热泳力和 Saffman 升力分别由式 (3.9)、式 (3.11) 和式 (3.12) 表示，布朗力 $\overrightarrow{F_B}$ 的分量由这里提出的表达式 (4.5) 计算。参考温度下水和氧化铝的几种物性参数见表 2.1[2]。

本章同样采用 CBS 算法[3] 计算通道内粘性不可压流体的流动过程。离散纳米粒子的行为由其受力方程和传热平衡方程来求解。由于这里流动的主要特征是二维的，控制方程基于原始变量形式的具有源项的二维不可压缩 N-S 方程。计算区域示于图 4.3，该区域中采用三角形单元离散。在入口处水以均匀的速度和温度流入通道，氧化铝纳米粒子以与水相同的速度和温度进入通道。在通道出口，速度和温度采用无反射边界条件。壁面处采用速度无滑移和等温边界条件。

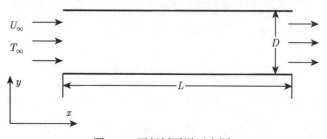

图 4.3　平行板通道示意图

图 4.4 给出了计算得到的布朗力随时间的变化，并与前人的模型进行了对比。图中 $t'$ 为计算时间步，$F_B' = F_B \Delta t$，其中 $\Delta t$ 为计算时间步长。实线为本模型的模

拟结果，可以看出总体上其值偏大于原模型。图中直线为两者长时间的均方根值，分别为 0.0214 和 0.0287。

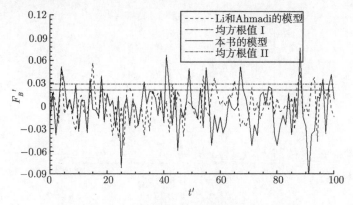

图 4.4 流动中纳米粒子布朗力随时间的变化

图 4.5 给出两个粒子在很短的一段时间内的运动路径。结果表明纳米粒子的轨迹形状具有显著的分形特征。可以看出，径向平均速度约为流向平均速度的千分之几。粒子轨迹中存在小的波动和大的涨落。前者主要源于布朗力的影响，后者和流体宏观的运动密切相关。

图 4.6 表示下游通道内纳米粒子的瞬时分布[4]。可以看出，通道中间的粒子分布比近壁处要均匀。这里，在通道入口处定期添加纳米粒子并随流体流向下游。随着流动向下游的发展，纳米粒子的分布具有非定常和非均匀性，在壁面附近的平均粒子体积分数大于在中心部分。本模型计算的结果粒子分布非均匀性更强。由于纳米粒子具有很高的热导率，通道内更多的能量被输运到下游。随着纳米粒子体积分

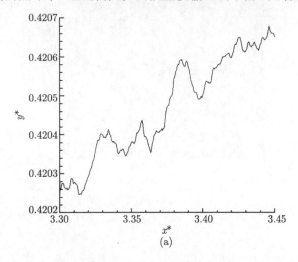

(a)

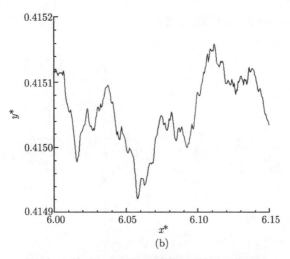

图 4.5　在 $Re = 20$ 的流动中纳米粒子的轨迹

数的增加, 纳米流体传热速率逐渐提高, 而这主要是由于其热导率的增加。通道内纳米流体的瞬时温度分布也示于图 4.6(a) 和 (b)。

图 4.7 表示 $Re = 20$, $x/L=0.5$ 处流体的温度分布和速度分布的情况。可以看出, 对于不同的模型, 通道中间部分变化较大。另外, 对于速度分布可以看到中心部分具有明显的波动特征。当然由于在该雷诺数下布朗力对主流的影响相对较小, 两种模型对流体计算结果的区别也不大。

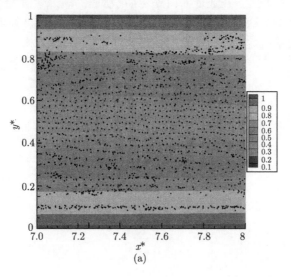

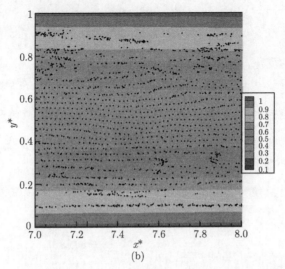

(b)

图 4.6 通道内纳米粒子的分布 (a) 本书的模型 (b) Li 和 Ahmadi 的模型 (后附彩图)

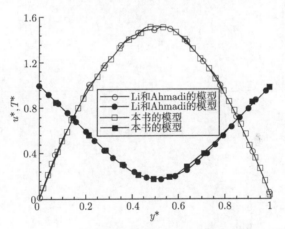

图 4.7 $x/L=0.5$ 处流体的温度和速度分布

为了表示布朗运动对流体速度的影响, 图 4.8 给出了随入口处流体速度增加而引起的不同 $Re$ 下, $x/L=0.5$ 处流体的瞬时速度分布情况。可以看出入口速度越小, 无量纲的流体速度波动越大。

为了定量表征布朗运动的影响程度, 定义 $U_f = \dfrac{\sqrt{\int_0^1 u_t^2 \mathrm{d}y}}{\sqrt{\int_0^1 \overline{u}^2 \mathrm{d}y}}$, 其中 $\overline{u}$ 为不考

虑布朗运动时模拟得到的速度, 流场中某点处在时间 $T_t$, 内波动的均方根速度为

$u_t = \sqrt{\dfrac{1}{T_t} \displaystyle\int_0^{T_t} (u - \bar{u})^2 \mathrm{d}t}$，注意到该式中计算的物理量均为无量纲的结果。图 4.9 给出了它随雷诺数的变化，可以看出随着雷诺数的减小，粒子布朗运动的影响效应不断加强，尤其当 $Re < 0.06$ 时该影响程度迅速增加。这是由于在给定平均体积分数下，以均方根速度 $\sqrt{\overline{u^2}} = \sqrt{\dfrac{k_B T}{m^*}}$ 做布朗运动的粒子对周围流体速度 $u$ 波动的贡献与主流平均速度相当。$U_f$ 代表布朗运动的速度和平均流体速度之比，当继续减小 $Re$，布朗运动的速度大致保持恒定，而流体的平均流速减小，该影响强度随 $Re$ 的负幂次迅速增加。

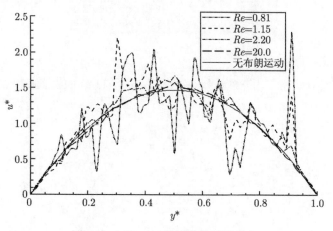

图 4.8　$x/L$=0.5 处流体的速度分布

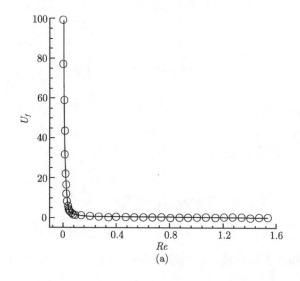

(a)

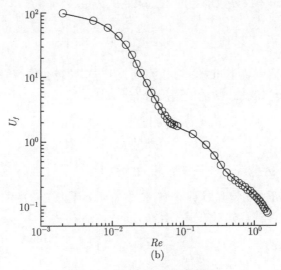

图 4.9 $U_f$ 随雷诺数的变化

## 4.2 改进的阻力模型及其运用

很多研究者在计算粒子受力运动时，使用的阻力模型均是斯托克斯阻力定律，而该模型是基于单粒子流动分析的结果。本章基于多粒子相互作用和粒子薄液层的特殊结构，构造了新的计算阻力的表达式，在极限情况下，该表达式退化为斯托克斯阻力公式。这里对新的模型进行了实验和数值验证，并将其用于模拟旋转圆盘内纳米流体的运动，分析了粒子浓度对该过程的影响。

### 4.2.1 阻力模型

考虑多粒子相互作用，典型的分析思路是针对多粒子绕流的情况，求解流动方程，然而由于流动条件的复杂和非定常性，很难给出相应的理论公式。若把其视为多孔介质进行分析，也会遇到边界复杂的困难。另一经典的分析过程是斯莫鲁霍夫斯基的反射法，该方法通过粒子间反复作用然后逐级叠加，然而由于引入了一些假设和计算迭代次数多的限制，很难得到符合实际的模拟结果。

本章根据体积分数确定的均匀分布粒子阻力与 Stokes 阻力的差异，给出了单个粒子对参考粒子所受阻力贡献的大小，其中考虑了角度、距离、速度等因素，然后应用到实际具体粒子分布影响参考粒子阻力的计算中去。

首先, 由粒子的体积分数确定的阻力表达式为

$$6\pi\mu a \left[ \frac{4 + 3\varphi + 3\sqrt{(8\varphi - 3\varphi^2)}}{(2 - 3\varphi)^2} \right] U \tag{4.7}$$

该公式为不同研究者不同方法分析得到, 且与实验符合得很好[4]。我们以此开始相应的分析。由于 Stokes 绕流的速度分布[5]

$$u_\theta = -U \sin\theta \left[ \frac{3}{4}\frac{a}{r} + \frac{1}{4}\left(\frac{a}{r}\right)^3 \right]$$

$$u_r = U \cos\theta \left[ \frac{3}{2}\frac{a}{r} - \frac{1}{2}\left(\frac{a}{r}\right)^3 \right] \tag{4.8}$$

可得其速度大小为正弦分布, 周期为 π。参考 Stokes 阻力与速度成正比, 这里假定周向粒子对阻力的贡献有类似的正弦分布, 即

$$F_{\bar{r}} = \frac{1}{2}F_o \sin 2\left(\theta - \frac{\pi}{4}\right) + \overline{F} \tag{4.9}$$

其中周向平均 $\overline{F} = 6\pi\mu a \left[ \dfrac{4 + 3\varphi + 3\sqrt{(8\varphi - 3\varphi^2)}}{(2 - 3\varphi)^2} - 1 \right] \dfrac{U}{2\pi\bar{r}} = \dfrac{3\mu a U}{\bar{r}}$

$\left[ \dfrac{4 + 3\varphi + 3\sqrt{(8\varphi - 3\varphi^2)}}{(2 - 3\varphi)^2} - 1 \right]$, 极大与极小作用力的差

$$F_o = -\left( u_\theta\left(\frac{\pi}{2}\right) - u_r(0) \right) \frac{6\pi\mu a}{2\pi\bar{r}} = \frac{9\mu a U}{4\bar{r}}\left( \frac{a}{r} - \frac{a^3}{r^3} \right),$$

$\bar{r}$ 为粒子间平均间距。图 4.10 表示了周向平均阻力和波动阻力的贡献随粒子平均体积分数的变化。

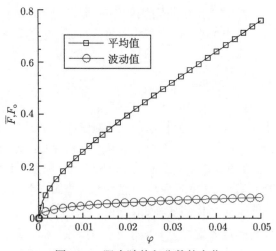

图 4.10　阻力随体积分数的变化

下面分析一下粒子对阻力的贡献随距离的变化，虽然从速度平均的结果 $\overline{\sqrt{u_\theta^2 + u_r^2}}$ 来看，近似有 $F \propto r^{-1}$，而从粒子间场力的结果分析 $F \propto r^{-2}$。这里我们认为距离对阻力的影响与悬浮液的粘性机制相同，即 $F \propto \mu_{\text{eff}}$，由于含有布朗运动的悬浮液的近似有效粘性 $\mu_{\text{eff}} = (1 + 2.5\varphi + 6.2\varphi^2)\mu_f^{[6]}$，所以具体粒子的贡献

$$\frac{F_{r'}}{F_{\bar{r}}} = \frac{(1 + 2.5\varphi' + 6.2\varphi'^2)}{(1 + 2.5\varphi + 6.2\varphi^2)} \tag{4.10}$$

其中 $\varphi'$ 为实际间距 $r$ 对应的体积分数。

由于周围粒子与参考粒子的速度方向并不完全一致，对于平行方向和垂直方向的速度分量，需要分别加以分析。垂向速度分量是引起侧向力的原因，从而使粒子速度方向发生变化，进而增加了粒子分布的演化过程的复杂性。由于周围粒子分布的非对称性与与参考粒子速度方向的差异，引起粒子附近速度和压力的分布的非对称，从而导致阻力与粒子速度方向不一致，即使是具有对称外形的粒子在总体对称的流动中运动，这可能是粒子阻力测量数据分散的原因之一[7]。

实际应用时，由于较远处的粒子影响可以忽略不计，这里选取距离 1.5 倍平均间距 $r_c = \frac{3}{2}\bar{r}$ 之内的粒子。相对参考粒子，二维情况下，粒子的位置 $(\theta', r')$ 和速度 $U'$ 已知。此粒子作用的等效范围 $\Delta\theta = \frac{2\pi}{n}$，则此粒子的贡献为 $F_{D'} = \int_{\theta' - \frac{\pi}{n}}^{\theta' + \frac{\pi}{n}} F_{r'}\bar{r}\mathrm{d}\theta$，其中 $n = \frac{\pi r_c^2 \varphi}{\pi a^2}$。然后综合各粒子对平行和垂直参考粒子速度方向的贡献，可得参考粒子所受的阻力

$$\boldsymbol{F}_D = \sum_{n'} \boldsymbol{F}_{D'} \tag{4.11}$$

其中 $n'$ 代表计算中有贡献的粒子数，实际使用的速度取为粒子与当地流体的速度差。

### 4.2.2 薄液层的粘性分布

纳米颗粒在流体中会吸附周围的液体分子，形成一纳米量级的薄层，如图 4.11 所示。一般地，可以用表面物理化学中的几种方法分析薄液层的厚度，比如界面二维方程、吸附等温式、吸附动力学的过渡态理论，吸附的前身态理论等。对于典型的低浓度悬浮液，可由 Langmuir 单分子层吸附式推算 $\delta = \frac{1}{\sqrt{3}} \left( \frac{4M}{\rho_f N_A} \right)^{1/3[8]}$。关于此层的导热系数，如果假设内部为线性分布的情况[9]，可以得到平均导热系数为 $k_l = \frac{k_f M^2}{(M - \gamma)\ln(1 + M) + \gamma M}$，其中 $M = \varepsilon_p(1 + \gamma) - 1$，$\varepsilon_p = k_p/k_f$，$\gamma = \delta/r_p$。对

于粒子在可压缩流体中, 比如铜粒子在氩气中的情况, 该纳米层的密度约为外部普通流体的 1.5 倍, 层厚约 0.5nm[10]。对于液体的情况, 由于吸附作用, 薄液层处的压力会增加, 导致分子间距减小, 相互作用增强, 从而认为粘性是增加的。我们认为薄液层附近粘性的增加是很多实验值较理论值偏大的原因。

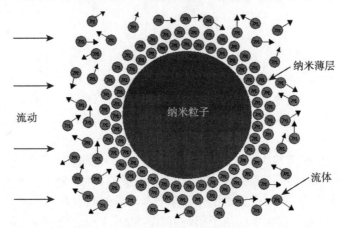

图 4.11    流体中的粒子与纳米层的示意图

下面分析一下粘性的径向分布, 若把固体粘性视为非常大, 而几个分子层的结构内的粘性, 与液体粘性会有不同, 从而引起粘性的非连续分布。为了便于分析, 类比大气层的情况, 认为粘性符合连续的指数分布 $\dfrac{\mu_l}{\mu_f} = \dfrac{\delta}{r} e^{-B(r_p/\delta)r/\delta + r_p/\delta} + 1$, 并且薄液层外边界对两侧的影响范围相同, 即 $r = 0$, $\dfrac{\mu_l}{\mu_f} \to \infty$; $r = \delta$, $\dfrac{\mu_l}{\mu_f} \to e^{(1-B)(r_p/\delta)} + 1$; 而 $r = 2\delta$, $\dfrac{\mu_l}{\mu_f} \to 1$。如果把外边界视为与冰水混合物类似的情况, 根据水的粘性随温度的变化数据, 冰点时的粘性约为室温时的 2 倍, 所以对于水基纳米流体系数 $B$ 取为 1。另外, 也许可以从粘弹性流体的观点来分析此层的粘性特征。

### 4.2.3    阻力模型的验证

为了验证新的阻力模型的准确度, 由粒子运动的计算结果与已有的数据进行了对比。通过选取 1500 个粒子进行计算, 然后用统计平均确定粒子运动的平均阻力系数。以前的研究者所给出的粒子阻力系数的变化示于图 4.12, 其中 $F_D^* = \dfrac{F_D - 6\pi\mu a U}{6\pi\mu a U}$。可以看出, 这里的结果与经典的预测[11,12] 符合得很好。

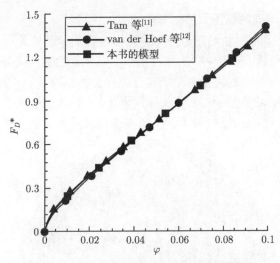

图 4.12 多粒子的平均阻力系数随体积分数的变化

### 4.2.4 圆盘流动中的应用

描述不可压缩流体流动的无量纲方程可以表示如式 (4.6)∼ 式 (4.9)。在拉格朗日坐标下，纳米粒子的运动方程和温度方程分别由式 (4.12) 和式 (4.16) 给出。粒子受到周围流体的主要作用力的表达式为式 (4.13)∼ 式 (4.15)，不同的是阻力 $F_D$ 由这里提出的表达式 (4.11) 计算，其中粘性为 $\mu_l(\delta)$。

模拟中使用的基础流体和纳米颗粒的相关物性参数见表 2.1[13]。

本章采用 CBS 算法[3] 的计算旋转圆盘内粘性不可压流体低雷诺数的流动。纳米粒子的行为由其运动方程和热平衡方程来求解。控制方程基于原始变量形式的二维不可压 N-S 方程，方程中含有力和热的源项。计算区域为圆形，如图 4.13 所示，该区域中采用三角形单元离散，包含 9109 个结点和 17929 个单元。圆盘内含有 7825 个纳米粒子。初始时刻，氧化铝纳米粒子具有和水相同的速度和温度，圆盘以固定的角速度旋转。由于这里流动的 $Kn <0.001$，壁面处采用无滑移速度和等温边界条件。

图 4.14 为两种模型阻力的对比，图 4.14(a) 为单粒子 Stokes 阻力的结果，图 4.14(b) 为改进模型的计算结果，其中 $F'_D = F_D\Delta t$，$t'$ 为计算时间步数。选取的 A、B、C 三个粒子分别位于靠近边界、接近中心和两者中间的部分。可以看出多粒子模型的阻力波动较大，变化频率复杂含有低频和高频的分量，而单粒子模型的结果主要是围绕平均值上下近似对称波动，频率比较简单。这主要是由于多个粒子相互作用的效应类似于粒子尺寸加大，且影响粒子的流场范围变大，即相当于大粒子在较大局部区域的运动，流场变化的影响增强，所以波动较大，频率更复杂。上面

的变化过程与布朗运动随粒子大小的变化相似。

图 4.15 给出了选取的中心附近方形区域内粒子的运动轨迹,越靠近外侧粒子轨迹越规则,近似圆弧,接近中心的部分由于布朗运动的效应突显出来,轨迹的波动特征比较明显。计算中的圆盘为沿顺时针方向旋转。图 4.16 给出了圆盘内流体的速度瞬时分布,可以看出中心部分流体速度较低,速度等值线有些波动,边界附近的流体速度值最大,由于粒子的扰动,近壁面流体速度可能会略大于壁面速度。

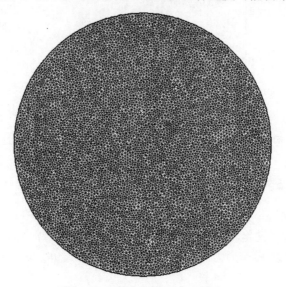

图 4.13　圆形计算区域示意图

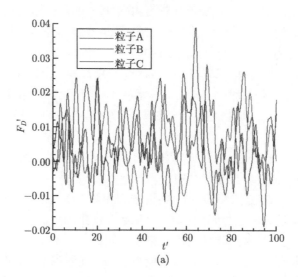

(a)

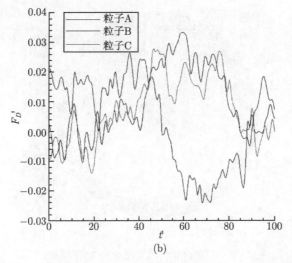

(b)

图 4.14　粒子所受阻力的变化 (a)Stokes 阻力 (b) 本书模型

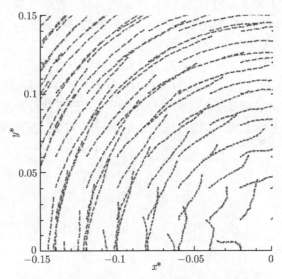

图 4.15　圆盘中部分纳米粒子的轨迹 (后附彩图)

图 4.17 给出了圆盘匀速和加速旋转下纳米粒子的分布, 由于低速旋转这种特殊情况所以盘内粒子分布比较均匀, 中间空的区域逐渐放大, 这主要是由于压力梯度提供的向心力小于速度的变化, 中间粒子布朗运动扩散的效果比较明显。另外, 实际计算中表明, 侧向力比粒子运动方向的阻力小一个量级。外侧粒子速度较大, 对侧向力的贡献较大, 从而加速了粒子由中心向外扩散的过程。圆盘加速旋转时会首先带动壁面附近粒子的跟随运动, 从而引起粒子排列的显著变化。

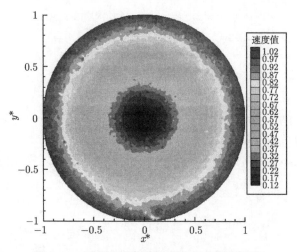

图 4.16　圆盘内流体的速度分布 (后附彩图)

　　本节基于多粒子相互作用的思路, 分析了周围粒子对参考粒子阻力的贡献, 构造了一个阻力周向贡献的分布函数, 结合它随距离的变化关系, 给出了计算粒子阻力的改进表达式。分析表明即使是对称外形的粒子, 由于周围粒子分布的非对称性和与参考粒子速度方向的差异, 导致阻力与粒子速度方向并不一致, 侧向力的贡献增加了粒子运动和分布演化过程的复杂性。针对纳米粒子表面吸附的薄液层结构, 本章首次分析了该纳米层及附近粘性的变化特点, 给出了粘性沿径向的分布。综合多粒子和薄液层的分析结果, 从而给出了纳米粒子运动阻力的计算公式, 并模拟了

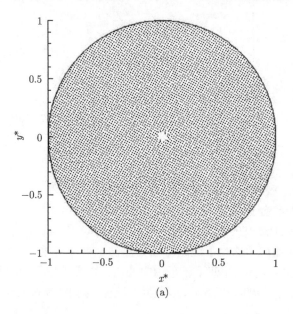

(a)

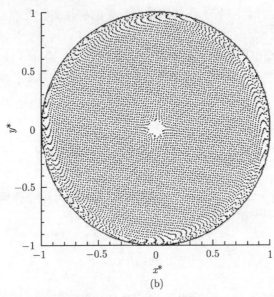

(b)

图 4.17 圆盘内纳米粒子的分布 (a) 匀速旋转 (b) 加速旋转

旋转圆盘内纳米流体的运动过程。重点考察了和传统阻力模型计算结果不同的原因，给出了纳米粒子的轨迹和分布，以及流体的速度分布，讨论了计算结果的物理意义。如果能够明确粒子悬浮液的流变特征[14]，或是得到纳米粒子附近流场的精确解，那么将可以提出更准确的阻力模型。

## 4.3 改进的模型在纳米流体绕流模拟中的应用

实际工程应用中有许多不同形状的钝体结构，它们与圆柱或方柱来会有一定的区别。具体地，某些具有高导热率的金属插件和用于暖气片加热的纵向调节管可以看作是双球形的物体。这里研究绕双球形体的传热过程。理论上，绕双球形体的流动，含有定常驻涡和非定常的脱落涡，它们与主流相互作用，表现出复杂的流动过程。采用离散相模型模拟纳米流体绕这个新外形的流动过程，其中布朗力和阻力采用改进的模型。重点考察了物体的腰部附近和近尾迹区内的纳米粒子的运动演化过程，对于纳米流体围绕主体的传热性能也进行了分析。

### 4.3.1 控制方程

在本研究中，离散相模型用来模拟纳米流体流动，其中的颗粒由拉格朗日方法计算。对于连续流体相，流动和传热过程由质量，动量和能量守恒定律来确定。水的流动可以被认为是不可压缩的，其流动和传热控制方程以及主要作用力均如

3.2.1 节所示[15-20]。计算中基础流体和纳米粒子的物性参数见表 2.1[17]。这里采用的是氧化铝纳米粒子。

传统的数值模拟中粒子受到周围流体的阻力 $F_D$ 由 Stokes 公式计算[18]。考虑到多粒子相互作用和粒子薄液层的特殊结构，这里采用由 Dong 等提出的改进表达式计算阻力[7]

$$F_D = \sum_{n'} F_{D'} \tag{4.12}$$

其中 $n'$ 代表计算中有贡献的粒子数，实际使用的速度取为粒子与当地流体的速度差。

由于纳米粒子的小尺寸效应，它在流体中受到的另一主要作用力是布朗力。这里采用改进的布朗力模型，$F_B$ 的分量可由下式计算[4]

$$F_B = \xi \sqrt{\frac{\pi \bar{S}}{\Delta t}} \tag{4.13}$$

上式中 $\xi$ 的分量为期望为 0、方差为 1 的高斯随机数，$\bar{S} = R_S \dfrac{2k_B T \beta}{m^* C_c}$，其中 $R_S$ 为改进系数，$k_B$ 为玻尔兹曼常数，$\beta$ 为单位质量的 Stokes 阻力系数，$m^*$ 为有效质量，$C_c$ 为 Cunningham 修正系数。

由于粒子分布的非定常性，纳米流体局部的有效导热系数不断发生变化。为了方便表征流体的传热特性，壁面的局部努塞尔数 $Nu$ 采用下面的公式计算：

$$Nu = -\left(\frac{\partial T}{\partial n}\right)\bigg|_w \tag{4.14}$$

其中 $n$ 为壁面法向，下标 $w$ 表示壁面处的值。绕外形壁面的平均努塞尔数的计算公式为

$$\overline{Nu} = \frac{1}{S}\int_0^S Nu dS \tag{4.15}$$

式中 $S$ 为绕壁面的总弧长。壁面平均努塞尔数的时间平均由下式计算：

$$\overline{\overline{Nu}} = \frac{1}{T_c}\int_0^{T_c} \overline{Nu} dt \tag{4.16}$$

其中为 $T_c$ 为绕流流动的周期。

### 4.3.2　边界条件与数值验证

本书基于离散相模型模拟纳米流体的流动与传热。采用 CBS 算法[3] 的计算粘性不可压流体低雷诺数的流动与传热，需要注意的是，计算动量方程和能量方程的时候需要加入流体和纳米颗粒之间的耦合作用的源项。纳米粒子对流体的作用体

现在 Navier-Stokes 方程中的修正源项上。离散相粒子的行为由其受力和传热平衡方程来求解。

由于低雷诺数下流动主要特征是二维的，控制方程基于原始变量形式的二维不可压 Navier-Stokes(N-S) 方程。绕壁面附近的单元如图 4.18 所示，双球形体大圆弧部分直径是小圆的 1.5 倍，计算区域为矩形，长度 $L$ 取为小圆直径的 20 倍，宽度 $W$ 为 10 倍直径，该区域包含 27106 个三角形单元。入流处，水和纳米粒子以均匀的速度和温度进入区域。出流处，速度和温度边界条件采用无反射的一维无粘关系式。由于这里流动的 $Kn < 0.001$，壁面处采用无滑移速度和等温边界条件。

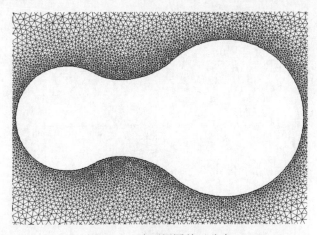

图 4.18　壁面周围单元分布

作为对计算结果的验证，模拟典型的钝体圆柱绕流中不同的尾迹状态以检验程序的精确性，如第 2.2.2 节，通过与前人的实验和数值的结果进行对比[21-24]，验证了这里计算的合理性。

非结构三角形单元用于离散计算区域，壁面附近由于速度、温度梯度较大，所以单元划分较密。模拟中采用的总体结点数和单元数列于表 4.1，其中 $N_w$ 是绕壁面的总体结点数，采用三组网格来验证网格的无关性。计算中流动 $Re=120$，$Pr=6.076$，平均体积分数为 0.01。计算得到的努塞尔数的分布如图 4.19 所示，其中 $N_b$ 为从

表 4.1　不同单元和结点数对计算结果的影响

| 网格 | 结点 | 单元 | 壁面点 | 平均 $Nu$ |
|---|---|---|---|---|
| 一 | 11329 | 22046 | 266 | 8.026 |
| 二 | 13925 | 27106 | 399 | 8.012 |
| 三 | 16374 | 31866 | 539 | 8.008 |

后缘点开始绕壁面的结点编号。如表 4.1 所示，第二组网格的计算结果还是令人满意的，再加密网格对计算结果的影响不大。因此，本研究中采用第二组网格进行计算。

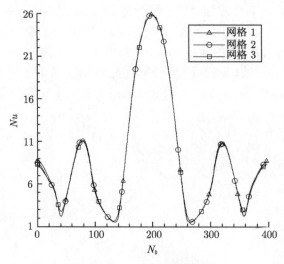

图 4.19　$Nu$ 沿壁面的分布

### 4.3.3　结果与分析

计算给出了 $Re = 100$ 的非定常绕流同一时刻流场中的涡量和温度分布，两者在下游尾迹具有很大的相似性，这与圆柱尾迹的情况一致。在近尾迹由于涡量沿壁面非均匀的分布特征和温度的等温条件而有一定的差别。在壁面附近，涡量和温度的主要区别之一是涡量波动较温度的波动更为剧烈，如图 4.20 和图 4.21 所示，这

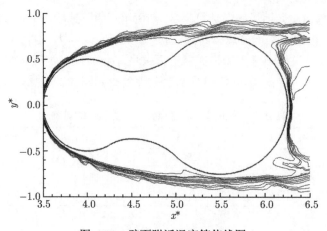

图 4.20　壁面附近温度等值线图

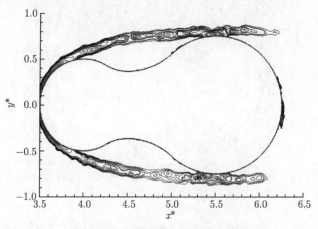

图 4.21　壁面附近涡量等值线图

主要是由于温度受粒子扰动的影响反应时间较长。实际上, 二维不可压流动的涡量
方程 $\dfrac{\partial \omega}{\partial t} + u\dfrac{\partial \omega}{\partial x} + v\dfrac{\partial \omega}{\partial y} = \nu\left(\dfrac{\partial^2 \omega}{\partial x^2} + \dfrac{\partial^2 \omega}{\partial y^2}\right)$, 其中 $\nu$ 为运动粘性系数, 与前边的
能量方程相比只有扩散项的系数不同, 所以两者等值线的形状趋于一致。

　　图 4.22 和 4.23 给出了相同雷诺数下, 分别采用单相流模型和两相流模型计算
的结果对比, 对应的粒子体积分数为 0.2% 和 2%。通过计算的温度等值线对比可
以发现, 当粒子数较少并且雷诺数较低时, 粒子对流动传热的影响较小; 对于粒子
数较多的情况, 前后圆肩部有类似的云图, 距离壁面稍远处温度等值线有明显的波
动, 这源于粒子对传热的影响。温度边界层的大幅增长主要是由颗粒的惯性作用,
温度等值线沿距离壁面较短处呈现出显著波动, 这源于粒子的运动对传热的影响。

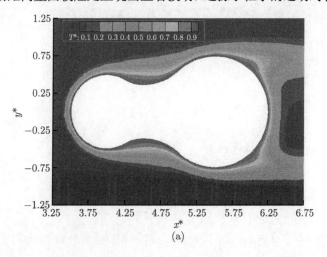

(a)

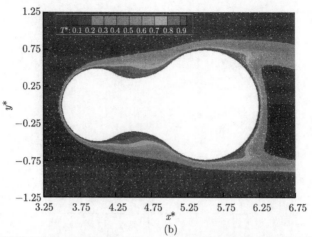

(b)

图 4.22    壁面附近温度分布 (体积分数为 0.2%) (a) 单相流模型 (b) 离散相模型 (后附彩图)

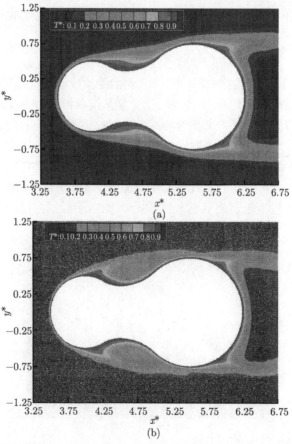

(a)

(b)

图 4.23    壁面附近温度分布 (体积分数为 2%) (a) 单相流模型 (b) 离散相模型 (后附彩图)

壁面附近的涡量等值线分布示于图 4.24,如流线所示,腰部有两个近似对称的涡,近尾迹非定常的涡交替脱落,类似于圆柱绕流的情况。沿着壁面,具有零涡量的位置对应于流线中的半鞍点,代表流动分离和再附的点。在该区附近,切向速度的方向发生变化。近尾迹内,闭合流线的中心与涡量极值的位置不同,这是由于该涡量来源于边界并更多地影响物体附近的涡。

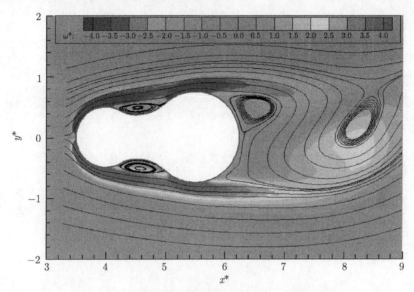

图 4.24　壁面附近的涡量和流线分布 (后附彩图)

如图 4.25 所示,当流体中无粒子时,随着流动雷诺数的增加,分离点向前移动,再附点向后移动。由于逆压梯度的增加,腰部涡变大,其趋势类似绕圆柱后定常尾涡的情形,图中背景为涡量等值线。零涡线穿过涡流,通过涡流中心的中间曲线可被定义为零涡线,沿其速度分量等于零。在分离点附近,中心线的角度大约是分离线的三分之二。

图 4.26 给出了 $Re = 250$ 中部壁面附近的流线和温度分布的对比图。改进的布朗力模型被用于数值模拟中,颗粒分布比通过经典模型的模拟结果更不均匀并且不稳特征更明显。一种新的阻力模型也采用在计算中,粒子运动的频率变化是比较复杂的。颗粒在某种程度上可以被认为是变大了,使得流场变化对粒子运动的影响与斯托克斯阻力模型比较增加了。目前的模拟结果更接近真实流体的粒子运动。与无粒子的结果对比可以看出,在流动过程中,该雷诺数下,由于粒子的惯性效应主导,分离点后流线抬升,分离角度变大,引起分离回流区变大,温度等值线被拉起,相应的局部努塞尔数变小,其分布出现小幅度的波动拐点。

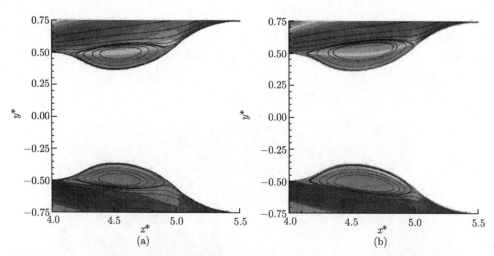

图 4.25　双球形体腰部附近的涡量和流线分布 (a)$Re$=150 (b)$Re$=250(后附彩图)

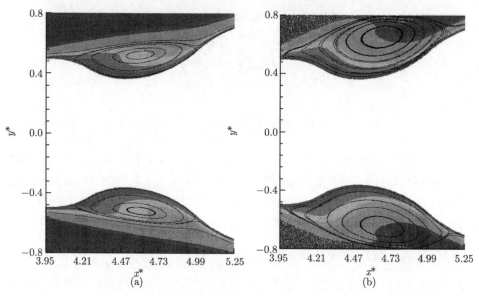

图 4.26　腰部附近的流线和温度分布 (a) 无粒子 (b) 有粒子 (后附彩图)

　　图 4.27 展示了粒子进入分离涡的初期, 纳米流体的演化过程。双球形体周围流体的运动会带动粒子的运动, 粒子的分离运动反过来又影响分离涡的发展。随着流动过程的发展, 开始有粒子通过时, 分离涡逐渐增大, 外部粒子到 $x^*$=5.5 处后分离涡由胖变瘦, 再附点后移 (a), 之后有粒子进入分离区, 分离涡前部分速度变慢, 流线前后不对称, 前边稀疏 (b)。这是由于前边有由分离点进入涡的粒子, 后边卷绕进来的粒子减缓了涡内流动的发展 (c)。如图 (d) 所示, 进入分离区的两部分

粒子都影响涡流, 该区外边界附近的粒子影响涡的形状和大小, 中间部分流线更平直, 这会增强局部流动的传热性能, 涡中心内外的非对称特征更明显。总体来讲, 准定常分离涡主要经历了变鼓、变胖、变瘦、变非对称四个阶段。

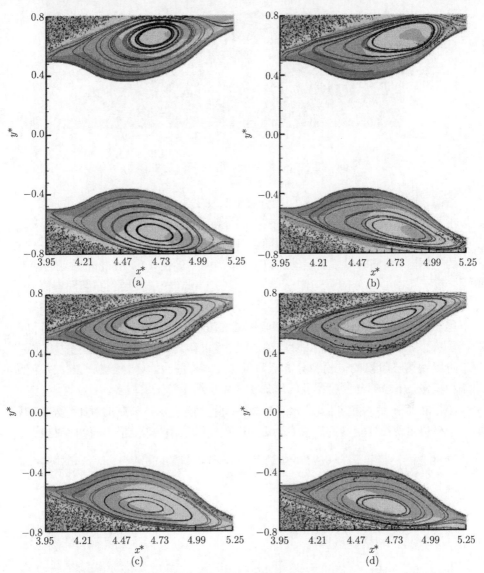

图 4.27 腰部分离涡与粒子运动的演化过程 (a) 无粒子从分离点进入 (b) 粒子初步进入 (c) 粒子进入壁面附近中部 (d) 分离涡壁面附近均有粒子 (后附彩图)

如果考察分离区细节的部分, 如图 4.28, 可以看出, 流动开始阶段, 对于相对定常的涡, 最开始阶段没有粒子存在, 后来在分离点附近某些粒子与流体运动方向相反，主要由于粒子的布朗扩散效应，较少粒子从前端进入 A 区，相对较多的粒子从后端回流进入 B 区，然后它们会混在一起，并和涡流一起运动。

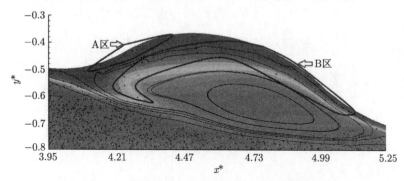

图 4.28　准定常分离涡内粒子的来源 (后附彩图)

如图 4.29 所示，尾缘附近粒子的分布不断发生变化，大体分可为四个阶段。开始粒子运动与主流方向相同，尾迹中上下部分粒子和中心部分流体相互作用，出现了回向的粒子，如图 4.29(a)；粒子跟随上部的旋涡演化进入近尾迹区，粒子在中心部分的一侧出现，同时沿壁面运动的粒子逐渐增多，如图 4.29(b)；回流的粒子接触壁面，粒子在中心部分的另一侧出现如图 4.29(c)；当粒子发展到与壁面尾流充分作用时，回流粒子几乎遍布壁面附近，除分离点附近外，非定常分离区尾流粒子和上下尾流粒子开始掺混在一起融合，如图 4.29(d) 所示。上图中背景为温度等值线图，可以看出，第一阶段到第二阶段的过程，壁面附近相应的温度梯度变大，而在第二阶段到第三阶段的过程中分离点附近梯度略有减少，这源于粒子的加入使流速稍稍变慢，尾缘部分温度梯度的增加主要由于纳米粒子的增多。

图 4.30 表示纯水和氧化铝-水纳米流体绕壁面努塞尔数分布的对比。努塞尔数的一个极值出现在非定常的后驻点附近。它沿壁面逐渐降低至极小值，此时接近较

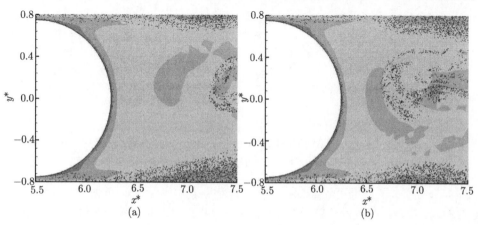

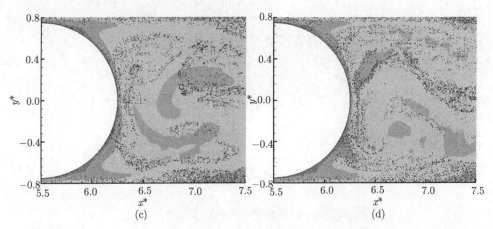

图 4.29 近尾迹粒子运动的演化过程 (后附彩图)

大部分的分离点。接着它沿壁面增大直到再附点。它再次降低到较小部分分离点附近的极小值，然后增加到前驻点附近的最大值。可以看出，随着雷诺数的提高和粒子体积分数的增加，由于热边界层的变薄，努塞尔数总体上是变大的，流动的传热性能增强。局部地，对于 $Re = 150$ 且粒子体积分数为 4%，随着流动的发展，如图 4.31 所示，部分粒子进入回流区，影响壁面附近的传热，引起局部努塞尔数的变化，比如 $N_b = 100$ 左右的拐点。

图 4.32 表明，对于小的体积分数 $\varphi < 4\%$，努塞尔数的时间平均值随着纳米粒子的体积分数几乎呈线性增加。局部和平均 $Nu$ 的明显增加表明了，纳米流体有利于增强这种钝体绕流的传热速率。

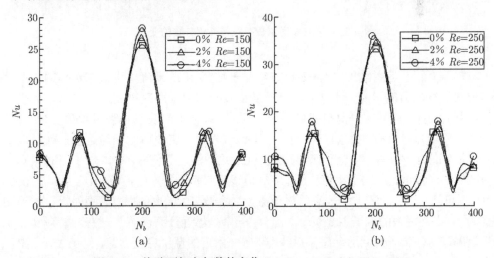

图 4.30 绕壁面努塞尔数的变化 (a) $Re = 150$ (b) $Re = 250$

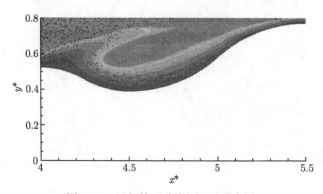

图 4.31　局部粒子分布图 (后附彩图)

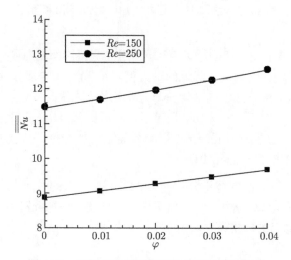

图 4.32　平均努塞尔数随粒子体积分数的变化

　　本节介绍了运用欧拉–拉格朗日方法对氧化铝–水纳米流体绕双球形体的流动和传热进行的数值研究。计算中粒子所受主要作用力采用改进的阻力和布朗力模型。由于涡量和温度方程具有相同的表达形式，同一时刻流场内涡量和温度分布，两者在下游尾迹具有很大的相似性。由于颗粒相对周围流体的相对运动，壁面附近涡量等值线存在极值，位于闭曲线的中心，这与温度等值线不同。对于具有较高浓度的纳米流体，两个肩部附近的温度等值线具有相似的几何特征，由于颗粒的惯性，温度边界层迅速增加。较高的雷诺数下，由于逆压梯度的增加，腰部附近的涡变大。在循环区内的粒子主要源于两部分：一个是靠近分离点，另一部分是再附区。当近尾迹中的粒子向回运动碰到后缘时，壁面附近的温度梯度增加。结果表明，壁面努塞尔数分布的变化与临界点密切相关。局部极小值对应流动的分离点，再附点和驻点对应极大值。比较了不同体积分数的纳米流体的传热特性。结果表明，添加了纳米粒子的非定常双球形体绕流，随着粒子体积分数的增加，更多的能量被输运到下游，其传热性能明显增强。

## 4.4  本章小结

在前人实验测量的基础上，沿用高斯白噪声的模拟方法，构造了一个布朗力的计算表达式，该表达式在一定极限条件下即变为许多研究者采用的模型。另一方面，基于布朗力源于流体分子对颗粒的非平衡作用力的特点，提出了布朗力的拟阻力模型，该力与流体的局部统计速度有关，进而改写了朗之万方程的形式。通过实验和数值对比验证了新的计算模型，并用来模拟纳米流体在通道内的流动过程。这里运用欧拉–拉格朗日方法对氧化铝–水纳米流体的流动与传热过程进行了数值研究。可以看出，纳米粒子的分布具有非定常和非均匀性，流体速度和温度分布显示出明显的波动特征。定量地分析了不同流速下布朗运动对流动的影响程度，当雷诺数很低时该影响程度迅速增加。如果能了解布朗运动的更微细过程，确定均方位移与时间的幂次关系表达式，则可以给出更为接近实际的布朗力模型。

本章提出并分析了周围粒子对参考粒子阻力的贡献的周向分布，分析了薄液层及附近粘性的径向分布。综合多粒子相互作用和薄液层的分析结果，给出改进的粒子阻力计算公式。采用改进的阻力和布朗力模型对氧化铝–水纳米流体绕双球形体的流动和传热进行了数值研究。纳米流体绕流中，由于颗粒的惯性作用和粒子的回向运动，分离区和尾缘附近的流体传热特性呈现不同的特征。壁面努塞尔数分布的变化与流动的临界点密切相关，局部极大值对应再附点和驻点，极小值则与流动的分离点相对应。

## 参 考 文 献

[1] Huang R, Chavez I, Taute K M, et al. Direct observation of the full transition from ballistic to diffusive Brownian motion in a liquid. Nature Physics, 2011, 7(7): 576-580.

[2] Rana P, Bhargava R. Numerical study of heat transfer enhancement in mixed convection flow along a vertical plate with heat source/sink utilizing nanofluids. Communications in Nonlinear Science and Numerical Simulation, 2011, 16(11): 4318-4334.

[3] Zienkiewicz O C, Taylor R L, Nithiarasu P. The finite element method for fluid dynamics, 6th edn, London: Butterworth-Heinemann, 2005.

[4] Dong S, Zheng L, Zhang X, et al. A new model for Brownian force and the application to simulating nanofluid flow. Microfluidics and nanofluidics, 2014, 16(1-2): 131-139.

[5] Batchelor G K. An introduction to fluid dynamics. London: Cambridge University

Press, 1967.

[6] Batchelor G K. The effect of Brownian motion on the bulk stress in a suspension of spherical particles. Journal of Fluid Mechanics, 1977, 83(01): 97-117.

[7] Dong S, Zheng L, Zhang X, et al. Improved drag force model and its application in simulating nanofluid flow. Microfluidics and Nanofluidics, 2014, 17(2): 253-261.

[8] Wang B X, Zhou L P, Peng X F. A fractal model for predicting the effective thermal conductivity of liquid with suspension of nanoparticles. International Journal of Heat and Mass Transfer, 2003, 46(14): 2665-2672.

[9] Kamalvand M, Karami M. A linear regularity between thermal conductivity enhancement and fluid adsorption in nanofluids. International Journal of Thermal Sciences, 2013, 65: 189-195.

[10] Li L, Zhang Y, Ma H, et al. Molecular dynamics simulation of effect of liquid layering around the nanoparticle on the enhanced thermal conductivity of nanofluids. Journal of Nanoparticle Research, 2010, 12(3): 811-821.

[11] Tam C K W. The drag on a cloud of spherical particles in low Reynolds number flow. Journal of Fluid Mechanics, 1969, 38(03): 537-546.

[12] Hoef M A V D, Beetstra R, Kuipers J A M. Lattice-Boltzmann simulations of low-Reynolds-number flow past mono-and bidisperse arrays of spheres: results for the permeability and drag force. Journal of Fluid Mechanics, 2005, 528: 233-254.

[13] Rana P, Bhargava R. Numerical study of heat transfer enhancement in mixed convection flow along a vertical plate with heat source/sink utilizing nanofluids. Communications in Nonlinear Science and Numerical Simulation, 2011, 16(11): 4318-4334.

[14] Hatwalne Y, Ramaswamy S, Rao M, et al. Rheology of active-particle suspensions. Physical Review Letters, 2004, 92(11): 118101.

[15] Kondaraju S, Jin E K, Lee J S. Effect of the multi-sized nanoparticle distribution on the thermal conductivity of nanofluids. Microfluidics and Nanofluidics, 2011, 10(1): 133-144.

[16] Bianco V, Chiacchio F, Manca O, et al. Numerical investigation of nanofluids forced convection in circular tubes. Applied Thermal Engineering, 2009, 29(17): 3632-3642.

[17] Abu-Nada E, Masoud Z, Hijazi A. Natural convection heat transfer enhancement in horizontal concentric annuli using nanofluids. International Communications in Heat and Mass Transfer, 2008, 35(5): 657-665.

[18] Wen D, Zhang L, He Y. Flow and migration of nanoparticle in a single channel. Heat and Mass Transfer, 2009, 45(8): 1061-1067.

[19] Saffman P G T. The lift on a small sphere in a slow shear flow. Journal of Fluid Mechanics, 1965, 22(02): 385-400.

[20] Kondaraju S, Jin E K, Lee J S. Investigation of heat transfer in turbulent nanofluids using direct numerical simulations. Physical Review E, 2010, 81(1): 016304.

[21] Grove A S, Shair F H, Petersen E E. An experimental investigation of the steady sepa-rated flow past a circular cylinder. Journal of Fluid Mechanics, 1964, 19(01): 60-80.

[22] Williamson C H K. Vortex dynamics in the cylinder wake. Annual review of fluid mechanics, 1996, 28(1): 477-539.

[23] Khiabani R H, Joshi Y, Aidun C K. Heat transfer in microchannels with suspended solid particles: lattice-Boltzmann based computations. Journal of Heat Transfer, 2010, 132(4): 041003.

[24] Mettu S, Verma N, Chhabra R P. Momentum and heat transfer from an asymmetrically confined circular cylinder in a plane channel. Heat and Mass Transfer, 2006, 42(11): 1037-1048.

# 第 5 章  纳米流体热导率的改进模型

以往的研究中，粒子大小对导热的影响一般表现在附加的动态模型中，而基本的导热模型，比如经典的 Maxwell 模型中只含有体积分数，而不包含粒子大小的影响，这与纳米流体的实际性能是不符的。布朗运动对导热贡献的动态模型中包含有较多的经验系数比如分形维数，这不利于实际的应用和推广。基于此，本章提出了改进的导热模型，其中包括纳米颗粒尺寸和布朗运动的影响。

## 5.1  粒子尺寸的影响

稳态热传导的问题可以通过拉普拉斯方程来描述

$$\nabla^2 T = 0 \tag{5.1}$$

其中 $T$ 是温度。边界条件如下:

$$T(r)\big|_{r\to\infty} = -G\cdot r, T(r)\Big|_{r\to r_a^-} = T(r)\Big|_{r\to r_a^+}, k_e\frac{\partial T(r)}{\partial r}\bigg|_{r\to r_a^-} = k_f\frac{\partial T(r)}{\partial r}\bigg|_{r\to r_a^+} \tag{5.2}$$

其中 $G$ 表示温度梯度，$r_a$ 是包含在流体内分散粒子的大球半径，$k_e$ 表示有效热导率，$k_f$ 是流体的热导率。有效热传导率可以通过下式获得

$$k_e = \frac{2k_f + k_p + 2\varphi(k_p - k_f)}{2k_f + k_p - \varphi(k_p - k_f)}k_f \tag{5.3}$$

这就是被称为经典的 Maxwell 模型 [1]，上述方程中 $\varphi$ 代表体积分数。Maxwell 模型给出了有效热导率随体积分数的变化。事实上，热导率与颗粒的半径直接相关。考虑到这一效应，这里提出了一种广义的导热模型，其中包括粒子尺寸参数。

典型的温度调和函数解为

$$T = \left(\frac{k_e - k_f}{2k_f + k_e}\frac{r_a^3}{r^3} - 1\right)G\cdot r \tag{5.4}$$

首先，可以看出，式 (5.4) 的等价函数形式取为 $T = Ar + Br^{-2}$。如果考虑广义的温度分布，则温度的调和函数解为 $T = Ar^\beta + Br^{-(\beta+1)}$，其中变化的系数 $\beta \leqslant 1$。

满足同样的温度、温度导数的边界条件 (5.2),可以得到实际温度为

$$T = \left[ \frac{\beta(k_e - k_f)}{(\beta+1)k_f + \beta k_e} \frac{r_a^{2\beta+1}}{r^{2\beta+1}} - 1 \right] G \cdot r \tag{5.5}$$

当 $\beta = 1$ 时该温度分布退化到式 (5.4)[2]。

如果考虑温度场由 $n$ 个球形粒子产生,按照与上面同样的步骤,然后叠加,可以得到温度场

$$T = \left[ \frac{\beta(k_p - k_f)}{(\beta+1)k_f + \beta k_p} \frac{nr_p^{2\beta+1}}{r^{2\beta+1}} - 1 \right] G \cdot r \tag{5.6}$$

其中 $n$ 为粒子数, $r_p$ 代表粒子的半径。从上面两个式子,可以得出有效热导率

$$k_e = \frac{(\beta+1)k_f + \beta k_p + 2\beta\varphi_s(k_p - k_f)}{(\beta+1)k_f + \beta k_p - \beta\varphi_s(k_p - k_f)} k_f \tag{5.7}$$

其中等效体积分数

$$\varphi_s = \frac{nr_p^{2\beta+1}}{r_a^{2\beta+1}} = \frac{nr_p^3}{r_a^3} \frac{r_p^{2(\beta-1)}}{r_a^{2(\beta-1)}} = \varphi \frac{r_p^{2(\beta-1)}}{r_a^{2(\beta-1)}} \tag{5.8}$$

因此,有效的热导率直接取决于体积分数和纳米颗粒尺寸。它随着体积分数的增加和颗粒半径的减小而增加。当 $\beta = 1$ 时,该表达式退化为式 (5.3),其与粒子半径无关。

实际上, $\varphi_s$ 也可由下面的表达式来计算

$$\varphi_s = \varphi \frac{r_p^{2(\beta-1)}}{r_a^{2(\beta-1)}} = \left( \frac{\varphi^{2\beta+1}}{n^{2\beta-2}} \right)^{1/3} \tag{5.9}$$

如果所含 $n$ 个粒子具有不同的半径 $r_1, r_2, \cdots, r_n$,上式中的 $\varphi$ 可由 $\varphi_d$ 代替,

$$\varphi_d = \varphi \frac{1}{n} \left( \frac{r_1^3}{r_p^3} + \frac{r_2^3}{r_p^3} + \cdots, + \frac{r_n^3}{r_p^3} \right) \tag{5.10}$$

当所有粒子半径相同时 $\varphi_d = \varphi$,该式适用的前提是粒子半径差别不太大,即可用有效导热模型描述两相介质的物性。

粒子热导率 $k_p$ 大于流体热导率 $k_f$ 时,热导率随体积分数 $\varphi$ 的增加而增加。当粒子半径 $r_p$ 越小, $\varphi_s$ 越大,由式 (5.9),有效热导率越大,这与实际是相符的。

## 5.2　布朗运动的影响

布朗运动加快了粒子与流体间热量的传递,使得纳米流体的热导率增加。很多研究者把布朗运动对热导率的贡献归结为动态导热系数中,并且通过微对流体现

出来。然而,动态导热模型中包含有较多的经验系数,这不利于实际应用。本章提出一个方便的布朗运动导热模型。

由于布朗运动,加大了粒子有效半径,可以认为,粒子有效体积分数变大。对于极限的情况,比如粒子速度为零,即没有布朗运动时,半径就是粒子本身的 $r_p$。而当粒子速度无穷大时,粒子有效半径为

$$r_e = r_p + r_B \tag{5.11}$$

其中 $r_B$ 为布朗运动的贡献半径,如图 5.1 所示。

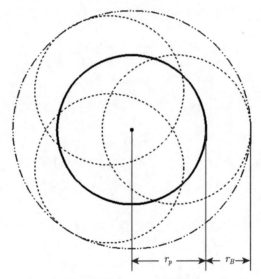

图 5.1    布朗运动相关的有效颗粒半径

布朗运动的贡献半径可以由布朗运动速度乘以转换时间来估计,转换时间与布朗粒子的弛豫时间相关,布朗运动弛豫时间 [3] 可以由 $\tau_p = \dfrac{\bar{v}_B}{a}$ 计算,由于平均加速度

$$a = \frac{F_D}{m_p} = \frac{6\pi\mu r_p \bar{v}_B}{m_p} = \frac{6\pi\mu r_p \bar{v}_B}{\frac{4}{3}\pi r_p^3 \rho_p} = \frac{9\mu\bar{v}_B}{2\rho_p r_p^2} \tag{5.12}$$

布朗弛豫时间

$$\tau_p = \frac{\bar{v}_B}{a} = \frac{2\rho_p r_p^2 \bar{v}_B}{9\mu\bar{v}_B} = \frac{2\rho_p r_p^2}{9\mu} \tag{5.13}$$

速度自相关函数

$$\langle v_B(t)v_B(0)\rangle = \frac{3k_B T}{m_p}e^{-t/\tau_p} \tag{5.14}$$

布朗运动速度取决于流体的温度和颗粒的质量。当 $t/\tau_p = 12$, $\sqrt{\langle v_B(t)v_B(0)\rangle} =$

$2.48 \times 10^{-3}\sqrt{\langle v_B(0) v_B(0) \rangle}$, 因此 $\tau = 12\tau_p = \dfrac{8\rho_p r_p^2}{3\mu}$ 可用于估计。时间 $\tau$ 代表等效时间, 即当粒子只受到流体阻力减至很小的时间。作为松弛时间 $\tau_p$ 的验证, 选取了之前的研究数据进行对比 [4]。由式 (5.15) 计算得到的时间 $\tau$ 为 $0.53 \times 10^{-4}\text{s}$, 从实验数据提取的时间为 $0.49 \times 10^{-4}\text{s}$, 可以看出两者在量级上是符合的, 误差主要源于布朗运动的复杂无规则性和统计方法。一般地, 布朗贡献半径小于粒子半径 $r_B = \mathrm{O}(10^{-1}) r_p$。

当实际粒子的速度为 $v_B$ 时, 该贡献半径与布朗运动速度满足负指数分布的关系,

$$r_e = r_p + r_B [1 - e^{-f(v_B)}] \tag{5.15}$$

如图 5.2 所示, 通常地, 取 $f(v_B) = \dfrac{v_B}{\bar{v}_B}$, $\overline{v_B}$ 取为均方根速度 $\bar{v}_B = \sqrt{\dfrac{3k_B T}{m_p}}$, 其中 $k_B = 1.3805 \times 10^{-23}\text{J/K}$。比如, 当 $f(v_B) = 2$ 时, 等效半径 $r_e = r_p + 0.865 r_B$。粒子有效体积分数由下式计算

$$\varphi_B = \varphi \frac{r_e^3}{r_p^3} \tag{5.16}$$

相应的热导率为 $k_e(\varphi_B)$。

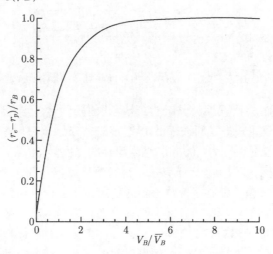

图 5.2 有效半径与布朗运动的速度关系图

## 5.3 改进模型的验证

考虑到上节中提到的两种效应, 有效模型可以由下式计算

$$k_e = \frac{(\beta+1)k_f + \beta k_p + 2\beta\varphi_e(k_p - k_f)}{(\beta+1)k_f + \beta k_p - \beta\varphi_e(k_p - k_f)} k_f \tag{5.17}$$

其中有效体积分数 $\varphi_e = \varphi_s \dfrac{r_e^3}{r_p^3}$。$\beta$ 的大小可以由式 (5.17) 结合实验数据得到。对于室温下的 $Al_2O_3$-水纳米流体, 指数 $\beta=0.92$, 这由图 5.3 的实验数据得到 [5]。$Al_2O_3$ 纳米颗粒半径分别为 11nm, 47nm 和 150nm, 它们具有相同的体积分数 1%。指数 $\beta$ 取决于纳米颗粒的种类。$\beta$ 的变化反映了纳米流体中实际的温度分布, 源于颗粒与流体导热性能的不同。

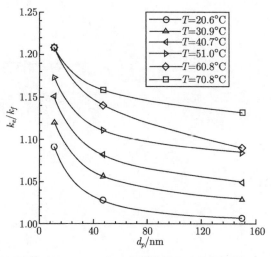

图 5.3　不同温度下, $Al_2O_3$-水纳米流体的热导率随颗粒直径的变化 [5]

已经有很多以前的研究人员发展的热导率模型 [7-16]。作为理论预测的验证, 现在的模型和一些理论模型之间进行了比较。图 5.4 展示了热导率随体积分数的变化。氧化铝纳米颗粒的直径为 100nm, 纳米流体的温度为 30 ℃, 目前的模型中系数 $\beta=0.92$。六种模型的结果也示于该图, 它们都与体积分数几乎呈线性关系。除了 Xu 等 [11] 大多数模型低估了热导率, 这是因为他们在分析纳米颗粒和液体之间的热对流时考虑到了纳米颗粒尺寸分形的分布。当纳米粒子体积分数高于 0.01 时, 他们的模型也显示出较好的符合。Prasher 等 [12] 对于体积分数较小的稀悬浮液预测的较好, 因为多粒子相互作用可以忽略不计。就整体而言, 考虑到粒径和布朗运动的影响, 可以看出, 由本模型的预测与 Ho 等 [13] 的实验结果符合的很好。

如图 5.5, 热导率的比随温度的增加而增加。氧化铜纳米粒子的直径为 29nm, 体积分数为 4%, 系数 $\beta= 0.95$。可以看出, Koo 和 Kleinstreuer[6] 的关联式在低温下比在高温下预测得更好, 因为它与温度呈线性关系。Yu 和 Choi[8] 与 Maxwell[7] 的模型给出的导热系数没有明显的变化,因为这些模型与温度没有显式的关系。Chon 等[10] 的模型呈现出与 Koo 和 Kleinstreuer[6] 相同的趋势,但低估了热导率,不过在较高温度下,它与实验数据对比的结果令人满意。从图中可以看出,Prasher 等[9] 的模型对于温度的变化很敏感,在温度中间段预测得较好。对比的结果表明,本书的模型与 Vajjha 和 Das[14] 的实验数据吻合得较好。

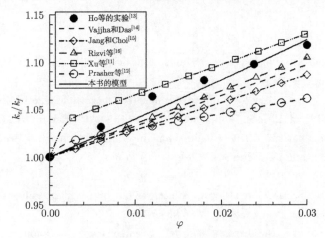

图 5.4 氧化铝–水纳米流体热导率随体积分数的变化

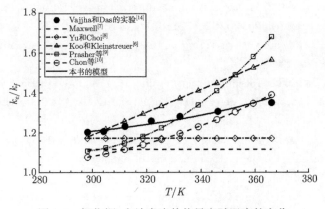

图 5.5 氧化铜–水纳米流体热导率随温度的变化

## 5.4 本章小结

基于广义的温度非线性分布解,得到了热导率随粒子半径和有效体积分数的变化关系表达式。在线性极限情况下,修正后的表达式退化为原始的麦克斯韦模型。另一方面,布朗运动等效于加大了粒子半径从而增加了体积分数。给出了一个方便的热导率表达式，其中含有有效的体积分数。考虑到上述两种主要贡献，提出了热导率的修正模型。具体的指数可由纳米流体的实验数据得到。通过与随温度和体积分数变化的实验数据进行对比，表明本书模型的合理和有效性。当然，温度分布指数的影响因素和理性分析还需深入的探讨，如果能得到确切的布朗运动半径，则可以给出更精确的导热模型。

## 参 考 文 献

[1]　Das S K, Choi S U, Yu W, et al. Nanofluids: science and technology. Hoboken: John Wiley & Sons, 2007.

[2]　Dong S L, Cao B Y, Guo Z Y. Improved models for thermal conductivity of nanofluids, International Heat Transfer Symposium 2014, IHTS140269, Beijing, 2014, May 6-9.

[3]　Uma B, Swaminathan T N, Radhakrishnan R, et al. Nanoparticle Brownian motion and hydrodynamic interactions in the presence of flow fields. Physics of Fluids, 2011, 23(7): 073602.

[4]　Li T, Kheifets S, Medellin D, et al. Measurement of the instantaneous velocity of a Brownian particle. Science, 2010, 328(5986): 1673-1675.

[5]　Chon C H, Kihm K D. Thermal conductivity enhancement of nanofluids by Brownian motion. Journal of Heat Transfer, 2005, 127(8): 810.

[6]　Koo J, Kleinstreuer C. A new thermal conductivity model for nanofluids. Journal of Nanoparticle Research, 2004, 6(6): 577-588.

[7]　Maxwell J C. A treatise on electricity and magnetism, 2nd edn. Cambridge: Oxford University Press, 1904.

[8]　Yu W, Choi S U S. The role of interfacial layers in the enhanced thermal conductivity of nanofluids: a renovated Maxwell model. Journal of Nanoparticle Research, 2003, 5(1-2): 167-171.

[9]　Prasher R, Bhattacharya P, Phelan P E. Brownian-motion-based convective-conductive model for the effective thermal conductivity of nanofluids. Journal of Heat Transfer, 2006, 128(6): 588-595.

[10]　Chon C H, Kihm K D, Lee S P, et al. Empirical correlation finding the role of temperature and particle size for nanofluid ($Al_2O_3$) thermal conductivity enhancement. Applied Physics Letters, 2005, 87(15): 153107.

[11]　Xu J, Yu B, Zou M, et al. A new model for heat conduction of nanofluids based on fractal distributions of nanoparticles. Journal of Physics D: Applied Physics, 2006, 39(20): 4486.

[12]　Prasher R, Bhattacharya P, Phelan P E. Thermal conductivity of nanoscale colloidal solutions (nanofluids). Physical Review Letters, 2005, 94(2): 025901.

[13]　Ho C J, Huang J B, Tsai P S, et al. Water-based suspensions of $Al_2O_3$ nanoparticles and

MEPCM particles on convection effectiveness in a circular tube. International Journal of Thermal Sciences, 2011, 50(5): 736-748.

[14] Vajjha R S, Das D K. Experimental determination of thermal conductivity of three nanofluids and development of new correlations. International Journal of Heat and Mass Transfer, 2009, 52(21): 4675-4682.

# 第6章　流体作用于粒子的热泳相关力

纳米流体中颗粒与流体之间的主要作用力之一是与温度梯度相关的热泳力，很多研究中都把热泳的运动视为平行于温度梯度的方向，并认为热泳力也沿着该方向起作用，而这与实际情况是有区别的。实际流体内部温度梯度的分布一般比较复杂，而且其中的颗粒运动也可能呈现出多种方式，热泳相关力也应该并不仅以此单向的方式起作用。

## 6.1　作用在粒子上的热泳升力

对于实际流体内部的温度分布情况，比如靠近物体壁面的温度边界层附近，存在温度梯度的剪切变化特征。另外，具有不同外形的散热器表面，其周围的温度梯度也取决于边界的形状。采用单一均匀的温度梯度表示并认为只存在与梯度反向的热泳力是不全面的。基于此，本节提出了热泳升力的概念，即流体的温度梯度存在剪切变化时，存在垂直于平均温度梯度方向的热泳升力。

### 6.1.1　热泳升力的存在和表达

这里考虑一典型的温度分布情况，如图 6.1 所示，其中的温度梯度存在剪切变化特征。

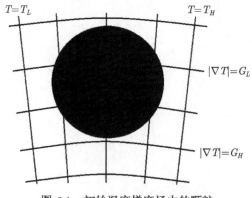

图 6.1　初始温度梯度场中的颗粒

按照通常的思路求解方程可以获得热泳升力的表达式。可以联合进行求解温度的拉普拉斯方程和速度的斯托克斯方程。求解温度的拉普拉斯方程时，注意到温度的远场边界条件与均匀温度梯度的情况只含有余弦函数项相比，这里的条件中同时含有正弦和余弦函数项，同时壁面边界附近速度的分布函数形式也不同。

鉴于上述求解过程的复杂性，这里采用比拟的方法获得热泳升力的表达式。为了求得热泳力的大小，需要先求解温度方程得到温度分布，然后求解速度方程。壁速度边界条件取决于温度分布的解。得到速度分布然后积分应力后，可以获得热泳力的表达式。上述求解过程等价于求解作用在颗粒上的阻力，其中 Stokes 方程的壁面速度边界条件取为热泳速度。当计算 Saffman 升力时，速度远场边界条件包含均匀和剪切变化的两部分的分量。这两部分的流体作用力互相垂直。对于热泳升力，远场边界也包含两部分，一部分是均匀温度梯度，另一部分是剪切变化的温度分量。温度分布的影响可由热泳速度代替。热泳升力可由相应的均匀平动和剪切速度得到。这与求 Saffman 升力时的方程和边界条件是一致的。因此，本章的比拟相对于严格的推导是有效的，可以开展。也就是说，在均匀温度梯度下，颗粒受到的流体热泳力可以看作均匀来流中流体作用于颗粒的阻力。而剪切温度梯度作用下，作用于颗粒的热泳升力可以比拟为具有剪切速度的流场中颗粒受到的 Saffman 升力。对于由速度变化引起的流体作用力，其远场的剪切边界条件为

$$U = (k_U z + U_0)\boldsymbol{e}_1, \tag{6.1}$$

其中 $U$ 为流体速度，$k_U$ 代表流体速度剪切变化率，$U_0$ 表示中心线的速度大小，$\boldsymbol{e}_1$ 代表速度方向矢量。

相应地，这里的温度梯度为

$$\nabla T = (k_L z + |\nabla T|_0)\boldsymbol{e}_\alpha, \tag{6.2}$$

其中 $T$ 代表流体的温度，$k_L$ 表示温度剪切变化率，$|\nabla T|_0$ 为 $z = 0$ 处穿过粒子中心的线上流体的温度梯度，$\boldsymbol{e}_\alpha$ 表示温度梯度方向矢量，如图 6.2 所示。

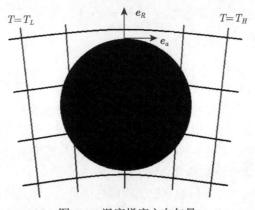

图 6.2 温度梯度方向矢量

由于热泳力可由下面的表达式计算 [1]

$$F_T = -\frac{6\pi d_p \mu^2 C_s(K + C_t Kn)}{\rho(1 + 3C_m Kn)(1 + 2K + 2C_t Kn)} \frac{1}{T} \nabla T \tag{6.3}$$

其中 $d_p$ 代表颗粒直径，$\mu$ 为流体动力粘性系数，$C_s$ 为热滑移系数，$C_t$ 和 $C_m$ 表示热交换系数，$K$ 为颗粒与流体的比热比，$Kn$ 代表努森数。热泳力的大小 $F_T = 3\pi\mu d_p U_T$，$U_T$ 为等效流体作用速度，由下式计算

$$U_T = \frac{2\mu C_s(K + C_t Kn)}{\rho(1 + 3C_m Kn)(1 + 2K + 2C_t Kn)} \frac{1}{T} |\nabla T| = B|\nabla T| \tag{6.4}$$

Saffman 升力可由下面的表达式计算

$$F_L = \frac{2K_s \nu^{1/2} \rho d_{ij}}{\rho_p d_p (d_{lk} d_{kl})^{1/4}} (V - V_p) \tag{6.5}$$

其中 $K_s = 2.594$，$V$ 和 $V_p$ 分别代表流体和颗粒的运动速度，$d_{ij}$ 表示应变率张量，对于条件 (6.1)，该升力的大小 [2]

$$F_L = \mu K U_0 a^2 k_U / \nu^{1/2} \tag{6.6}$$

其中 $K = 6.46$。这样，可以得到热泳升力

$$F_{TL} = \frac{\mu}{\nu^{1/2}} K U_T a^2 \left(\frac{\partial U_T}{\partial z}\right)^{1/2} \tag{6.7}$$

其中，

$$F_{TL} = 6\pi\mu \frac{a^2}{\nu^{1/2}} K_T (B)^{3/2} |\nabla T| \left(\frac{\partial |\nabla T|}{\partial z}\right)^{1/2} = 6\pi\mu a U_L \tag{6.8}$$

其中 $U_L$ 为热泳升力等效作用的流体速度。

当温度梯度的均匀剪切变化率 $\dfrac{\partial |\nabla T|}{\partial z} = k_L$ 时，即 $|\nabla T| = (k_L z + |\nabla T|_0)e_\alpha$，热泳升力可以表示为

$$F_{TL} = 6\pi\mu \frac{a^2}{\nu^{1/2}} K_T (B)^{3/2} |\nabla T| \left(\frac{\partial |\nabla T|}{\partial z}\right)^{1/2} = 6\pi K_T |\nabla T| \mu a^2 \left(\frac{k_L B^3}{\nu}\right)^{1/2} \tag{6.9}$$

其中 $K_T = 0.1866$。热泳升力的作用方向垂直于颗粒周围的流体平均温度梯度的方向，并指向温度梯度更大的位置。也就是说，热泳升力更趋于促使颗粒向着温度变化剧烈的区域运动。对于颗粒在实际流体中的运动，当温度剪切梯度的变化与温度梯度相当时，需要考虑分析热泳升力的影响。

实际上，可以通过空间变换的方法来理解热泳升力。如果把温度梯度在空间上单调变化的温度场变换成温度梯度为均匀的温度场，经过变换后原来的球形颗粒

将变成类似蛋球形的粒子, 如图 6.3。然后以蛋球形函数表示颗粒的边界, 远场边界就可以使用均匀温度梯度条件, 再联合温度的拉普拉斯方程和速度的斯托克斯方程进行求解, 可得到热泳升力。实际上, 这等价于粒子形状的上下非对称性导致了热泳升力的出现。

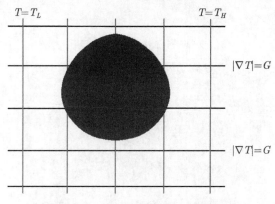

图 6.3　变换后的颗粒和温度梯度场

### 6.1.2　热泳升力的作用特征

为分析热泳升力的作用特点, 这里首先选取内外碳纳米管之间热驱动[3] 的例子进行验证, 如图 6.4 所示。Barreiro 等[4] 的经典实验观察到, 外层嵌套的碳纳米管总是沿温度梯度的反方向运动, 这基本源于相关的热泳力的作用。另一方面, 外层碳纳米管在沿管轴方向运动的同时, 也做顺时针或逆时针的转动。侯泉文等[5] 认为外管的转动源于内管原子的热运动在周向的随机作用。对于碳纳米管内纳米液滴的旋转, Zambrano 等[6] 认为这与碳纳米管的非轴对称的螺旋型结构有关。这里, 我们认为, 内管局部温度梯度沿着周向会产生变化, 这与内管的局部结构和外管的运动形态有关, 沿管截面周向积分的结果就产生了环绕外管轴的方向上的力, 即热泳升力, 这种作用促使外管发生了转动。在上述固体热驱动中, 碳纳米管的旋转驱动力主要来自热泳升力。然而, 由于缺乏详细的实验数据进行对比, 比如内层碳纳米管的局部温度分布情况, 这里只能暂做定性的分析, 以体现热泳升力的作用特征。

另一个例子来源于日常生活, 如图 6.5 所示, 下半部分为冬季室内供暖用的暖气片。对于暖气片上方墙上的黑色图案, 主要源于热泳力的贡献, 而不是热对流作用的结果, 对此已有许多相关研究进行了报道[7,8]。通过细致观察, 可以发现, 图案中呈现出中间密两侧稀疏的周期性条带特征, 密度大的部分代表在那里有更多的粒子吸附到墙上。由于暖气片的形状具有周期变化的特点, 黑色较深的部分对应附近空气垂直墙面的温度梯度较大, 在热泳升力的作用下, 颗粒更容易向这部分产生聚集, 从而形成了黑色深浅相间分布的图案, 而不是呈现出均匀的分布情况 [9]。

图 6.4   碳纳米管间的热驱动 (后附彩图)

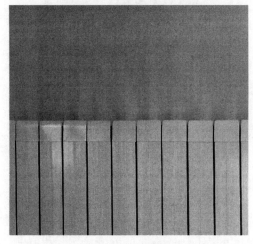

图 6.5   暖气片上方的墙壁图案

## 6.2   颗粒在流体中受到的热泳张力

前人大多数研究中都是把热泳的运动限定为沿着温度梯度的方向, 并认为热泳力也与其方向相同。实际上, 热泳相关力也并不应该以此单一方式起作用。一般地, 旋转是颗粒运动的主要特征之一, 对于实际温度分布的流体内部, 促进初始颗粒转动的因素较多, 比如射流的剪切效应, 颗粒的质心和体心有偏离等。只采用温度梯度的关联式来表示存在与梯度反向的热泳力是不够的。基于上述分析, 本章提出了热泳张力的概念, 即颗粒在流体中旋转时, 存在与温度梯度方向垂直的热泳张力。

### 6.2.1   热泳张力的存在和表达

考虑流体内存在一典型具有均匀梯度的温度分布, 如图 6.6 所示, 其中颗粒在流体中做旋转运动。

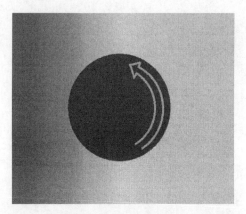

图 6.6 初始温度梯度场中的粒子 (后附彩图)

可以按照典型的思路求解方程获得热泳张力的表达式。一般地,可以采用温度的拉普拉斯方程和速度的斯托克斯方程联合进行求解。求解速度的斯托克斯方程时,注意到速度的壁面边界条件含有旋转的速度分量,这样壁面边界附近切向速度的分布函数形式也就不仅只含有正弦函数项。

鉴于上述求解过程的复杂性,这里采用类比的方法得到热泳张力的表达式。为了求得热泳力的大小,需要先求解温度方程得到温度分布,然后求解速度方程。壁速度边界条件取决于温度分布的解。得到速度分布然后积分应力后,可以获得热泳力的表达式。上述求解过程等价于求解作用在颗粒上的阻力,其中 Stokes 方程的壁面速度边界条件取为热泳速度。当计算 Magnus 升力时,速度边界为平动和转动两部分。这两部分的流体作用力互相垂直。对于热泳张力,壁面速度边界也包含两部分,一部分来源于温度梯度的贡献,另一部分为旋转的速度分量。温度分布的影响可由热泳速度代替。热泳张力可由相应的平动和转动的速度分量边界条件得到。这与求 Magnus 升力时的方程和边界条件是一致的。因此,本书的比拟是可行的。总之,在均匀温度梯度下,粒子所受的流体热泳力可以看作均匀来流中粒子受到流体的阻力,流体速度为颗粒等效的热泳速度。而在温度梯度作用下,颗粒受到的热泳张力可以类比为均匀速度流场中旋转粒子受到的 Magnus 升力,如图 6.7 所示。

与上一节相同的,热泳力的表达式为

$$F_T = \frac{-6\pi d_p \mu^2 C_s (K + C_t Kn)}{\rho(1 + 3C_m Kn)(1 + 2K + 2C_t Kn)} \frac{1}{T} \nabla T \tag{6.10}$$

其中 $d_p$ 为粒子直径,$\mu$ 为流体粘度,$\rho$ 是流体的密度,$T$ 为流体的温度,$Kn$ 为 Knudsen 数表示分子平均自由程与颗粒直径的比。$C_t$,$C_m$ 和 $C_s$ 分别代表热交换系数和热滑移系数,$K$ 表示粒子与流体的热导率之比。

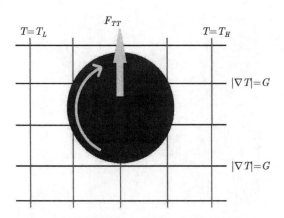

图 6.7　温度梯度场中的粒子受到的热泳张力

热泳力的大小可以表示为

$$F_T = 3\pi\mu d_p U_T \tag{6.11}$$

其中等效的流体作用速度为 $U_T$，由热泳力的表达式 (6.10)，该速度

$$U_T = \frac{2\mu C_s(K + C_t Kn)}{\rho(1 + 3C_m Kn)(1 + 2K + 2C_t Kn)} \frac{1}{T} |\nabla T| = B|\nabla T| \tag{6.12}$$

旋转的球体在空中运动时，其向前运动轨迹会偏离原来的方向，这种现象体现了著名的 Magnus 效应 [10]。这是由于球体在运动过程中不仅受到重力的影响，而且还受到因旋转而产生的 Magnus 力的作用，其运动呈现显著的弧形轨迹。很多体育运动尤其是球类运动中都存在 Magnus 效应，比如乒乓球中的弧圈球、足球中的香蕉球等现象 [11]。Magnus 效应在弹道设计，飞行器外形设计，保持船舶的稳定性方面 [12-14] 也有广泛的应用。

Magnus 升力通常由下式计算 [15]

$$F_M = C_M \rho\pi a^3 \boldsymbol{\omega} \times U \tag{6.13}$$

其中 $C_M = 1 + O(Re)$，$\boldsymbol{\omega}$ 为颗粒的旋转角速度。如果颗粒运动的雷诺数 $Re = \dfrac{\rho Va}{\mu}$ 很小，即满足蠕流流动的条件，上式中 $C_M = 1$。对于具有一般温度梯度中的流体中的颗粒热泳运动，比如常温下的空气 $\rho = 1.29 \mathrm{kgm}^{-3}, \mu = 1.8 \times 10^{-5}\mathrm{Pas}$，颗粒半径取为 $a = 1.0 \times 10^{-6}\mathrm{m}$，如果热泳速度 $U_T = 5.0 \times 10^{-3}\mathrm{m} \cdot \mathrm{s}^{-1}$，则 $Re = 3.6 \times 10^{-4}$，满足上述蠕流流动的情况。

由于旋转运动的颗粒在温度梯度作用下受到周围流体的作用与其在周围流动流体的情况相同，如果用等效热泳速度代替 Magnus 升力中的流体速度，就可以得到热泳张力的表达式

$$F_{TT} = \rho\pi a^3 \boldsymbol{\omega} \times U_T \tag{6.14}$$

热泳张力的方向与颗粒周围流体的平均温度梯度方向垂直，并与颗粒转轴方向垂直，这也可以从上式中看出来。当颗粒旋转轴向与流体温度梯度方向平行时，热泳张力的影响不大，这与 van Eymeren 和 Wurm[16] 的观察结果是一致的。实际上，对于颗粒在流体中的运动情况，当温度梯度较大且颗粒旋转速度较快时，需要考虑热泳张力的影响。

对于半径为 μm 量级的颗粒热泳运动，$F_T/F_{TT}$ 的比值可以达到几十。例如，如果颗粒半径为 100 μm，角速度 $\omega$=2 Hz, 该比值为 30。另一方面，在较慢的速度下颗粒的旋转增强，该效应越明显，以满足气体速度的 Stokes 方程的条件。式 (6.14) 适用于颗粒半径为 μm 量级并且旋转角速度不太大。角速度的临界值取决于颗粒的大小和介质的粘性。临界颗粒尺寸与颗粒运动的雷诺数相关。以颗粒在空气中的运动为例，如果热泳速度 $U_T = 1\mathrm{mm \cdot s^{-1}}$，颗粒直径 $d_p = 300\mathrm{μm}$，那么颗粒雷诺数 $Re = 0.0216$，这可以视为 $C_M = 1$ 适用的流动条件的近似上限。颗粒直径应该位于几百纳米至 300 μm 之间，以满足这种情况的流动方程条件。对于直径 $d_p = 300\mathrm{μm}$ 的颗粒，如果定义旋转雷诺数 $Re_\omega = \dfrac{\rho \omega d_p^2}{2\mu}$，则上限临界角速度 $\omega$=6.67 对应上述颗粒尺寸，并且它与颗粒直径的平方成反比。

事实上，可以通过下面这个简易的过程对热泳张力进行近似的解释。如图 6.8 所示，随着球形颗粒的旋转，它带动绕壁面附近流体的运动，相应地温度梯度随之旋转，等效的热泳相关力随之变化。热泳力和热泳张力相当于等效热泳合力的两个分量。对比颗粒旋转引起温度的变化与外围流体对壁面附近流体的影响作用，两者之间的相互平衡，决定了等效温度梯度方向不会变化太大，它与相应粒子的转动速度和流体反应时间有关。

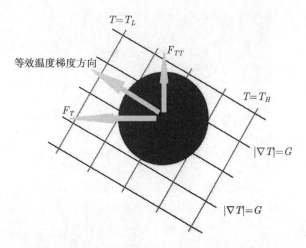

图 6.8   等效温度梯度场中粒子受到的热泳相关力

### 6.2.2　热泳张力的作用

　　作为实验的定性对比分析，这里选取空气中微粒的热泳运动进行验证。该例子来源于天文学中原行星盘的演化过程。通过实验室的实验 [16]，可以模拟其中相关的热泳与光泳现象。对于光泳，可以观察到侧向的颗粒运动并且测量。如图 6.9 所示，由光泳引起的力和入射光之间的最大夹角可以达到大约 52 度 [17]。另外，Küpper 等 [18] 的数值和实验研究也清楚地展示了侧向的运动。对于热泳，颗粒被放置在位于底部为 250K 珀耳帖元件和顶部贮存有 77K 的液氮箱之间 [16]，颗粒直径在 20 微米和几百微米之间变化，如图 6.10 所示。通过观察可以发现，一方面，沿着温度梯

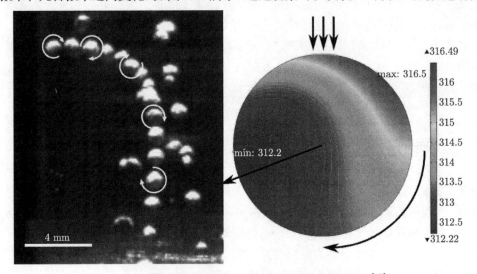

图 6.9　典型的光泳力和光方向偏移对比图 (后附彩图)[17]

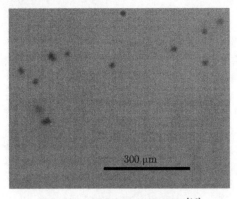

图 6.10　实验中运动的颗粒 [16]

度方向的力是主要的。另一方面，垂直于温度梯度轴向的颗粒旋转和径向漂移同时在实验中观察到，与本书中颗粒的旋转会产生横向的力，从而引起颗粒的径向移动

的考虑时一致的。

# 6.3  本章小结

　　本章基于实际流体内部温度梯度存在的剪切变化特征，提出了与热泳相关但区别于热泳力的热泳升力。作为初步性的研究，给出了求解该热泳升力的主要思路，并且运用比拟的方法，获得了热泳升力的表达式。本章指出该热泳升力垂直于流体的平均温度梯度，并且指向梯度较大的区域。结合暖气片上方墙壁图案的例子，分析了热泳升力的作用特征。在以后的研究中，可以结合分子动力学模拟和精确的实验测量进行验证。

　　另外，基于具有温度梯度的流体内部颗粒实际存在旋转运动的特征，提出与热泳相关但不同于热泳力的热泳张力。介绍了获得该热泳张力的具体求解思路，并且运用比拟的方法，方便地给出了热泳张力的表达式。结合运动的空间变换特征，解释了热泳张力的来源。本章指出该热泳张力与流体温度梯度和颗粒转轴的方向均垂直。它对于原行星盘演化过程中的灰尘和冰颗粒的运动具有重要意义。在实验中观察到颗粒垂直于温度梯度轴向的旋转和径向漂移，体现了热泳张力的作用。另外，还可以结合分子动力学的数值模拟和准确的定量实验进行验证热泳张力的表达式。

## 参 考 文 献

[1]  Talbot L, Cheng R K, Schefer R W, et al. Thermophoresis of particles in a heated boundary layer. Journal of Fluid Mechanics, 1980, 101(04): 737-758.

[2]  Saffman P G T. The lift on a small sphere in a slow shear flow. Journal of Fluid Mechanics, 1965, 22(02): 385-400.

[3]  Santamaría-Holek I, Reguera D, Rubi J M. Carbon-nanotube-based motor driven by a thermal gradient. The Journal of Physical Chemistry C, 2013, 117(6): 3109-3113.

[4]  Barreiro A, Rurali R, Hernandez E R, et al. Subnanometer motion of cargoes driven by thermal gradients along carbon nanotubes. Science, 2008, 320(5877): 775-778.

[5]  Hou Q W, Cao B Y, Guo Z Y. Thermal gradient induced actuation in double-walled carbon nanotubes. Nanotechnology, 2009, 20(49): 495503.

[6]  Zambrano H A, Walther J H, Koumoutsakos P, et al. Thermophoretic motion of water nanodroplets confined inside carbon nanotubes. Nano Letters, 2008, 9(1): 66-71.

[7]  Salthammer T, Schripp T, Uhde E, et al. Aerosols generated by hardcopy devices and other electrical appliances. Environmental Pollution, 2012, 169: 167-174.

[8]  Salthammer T, Fauck C, Schripp T, et al. Effect of particle concentration and semi-volatile organic compounds on the phenomenon of 'black magic dust' in dwellings. Build-

ing and Environment, 2011, 46(10): 1880-1890.

[9] 董双岭, 曹炳阳, 过增元. 作用在粒子上的热泳升力研究. 工程热物理学报, 2015 (5): 1063-1066.

[10] Magnus G. Ueber die abweichung der geschosse, und: Ueber eine auffallende erscheinung bei rotirenden körpern. Annalen der Physik, 1853, 164(1): 1-29.

[11] Mehta R D. Aerodynamics of sports balls. Annual Review of Fluid Mechanics, 1985, 17(1): 151-189.

[12] Swanson W M. The Magnus effect: A summary of investigations to date. Journal of Fluids Engineering, 1961, 83(3): 461-470.

[13] Seifert J. A review of the Magnus effect in aeronautics. Progress in Aerospace Sciences, 2012, 55: 17-45.

[14] Morisseau K C. Marine application of Magnus effect devices. Naval Engineers Journal, 1985, 97:51-57.

[15] Borg K I, Söderholm L H, Essén H. Force on a spinning sphere moving in a rarefied gas. Physics of Fluids, 2003, 15(3): 736-741.

[16] Van Eymeren J, Wurm G. The implications of particle rotation on the effect of photophoresis. Monthly Notice of the Royal Astronomical Society, 2012, 420:183-186.

[17] Loesche C, Teiser J, Wurm G, et al. Photophoretic Strength on Chondrules. 2. Experiment. The Astrophysical Journal, 2014, 792(1): 73.

[18] Küpper M, de Beule C, Wurm G, et al. Photophoresis on polydisperse basalt microparticles under microgravity. Journal of Aerosol Science, 2014, 76: 126-137.

# 编 后 记

　　《博士后文库》(以下简称《文库》) 是汇集自然科学领域博士后研究人员优秀学术成果的系列丛书.《文库》致力于打造专属于博士后学术创新的旗舰品牌, 营造博士后百花齐放的学术氛围, 提升博士后优秀成果的学术和社会影响力.

　　《文库》出版资助工作开展以来, 得到了全国博士后管委会办公室、中国博士后科学基金会、中国科学院、科学出版社等有关单位领导的大力支持, 众多热心博士后事业的专家学者给予积极的建议, 工作人员做了大量艰苦细致的工作. 在此, 我们一并表示感谢!

《博士后文库》编委会

# 彩　　图

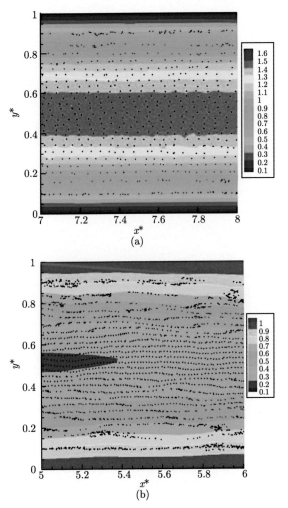

图 3.15　通道内纳米粒子的分布, 平均体积分数为 (a)1%, (b) 4%

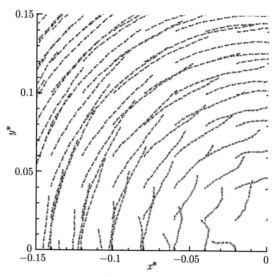

图 4.15　圆盘中部分纳米粒子的轨迹

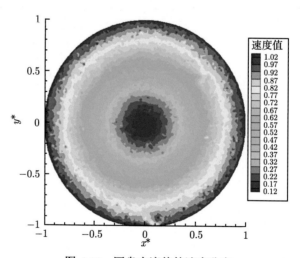

图 4.16　圆盘内流体的速度分布

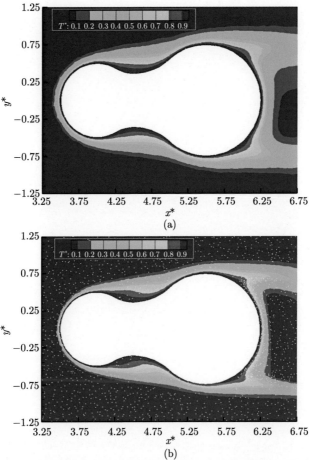

(a)

(b)

图 4.22　壁面附近温度分布 (体积分数为 0.2%) (a) 单相流模型 (b) 离散相模型

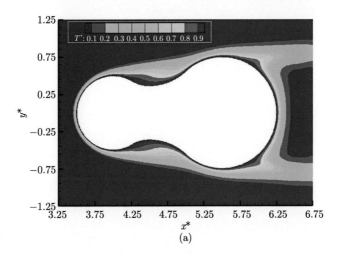

(a)

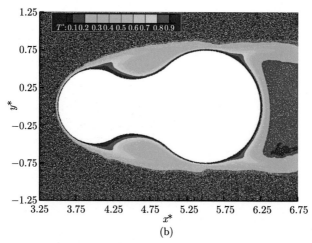

(b)

图 4.23　壁面附近温度分布 (体积分数为 2%) (a) 单相流模型 (b) 离散相模型

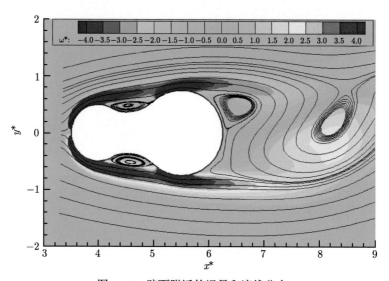

图 4.24　壁面附近的涡量和流线分布

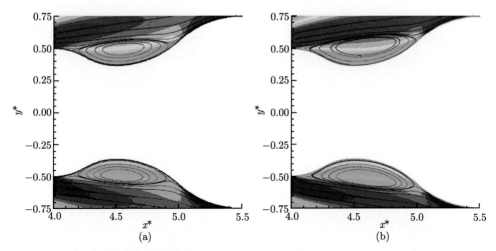

图 4.25  双球形体腰部附近的涡量和流线分布 (a)$Re$=150 (b)$Re$=250

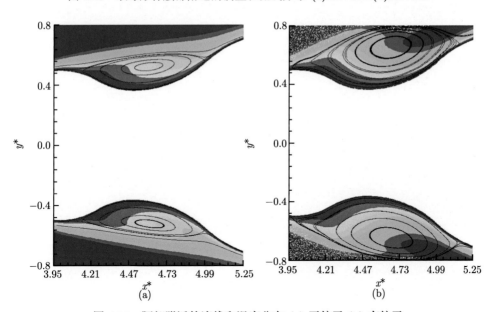

图 4.26  腰部附近的流线和温度分布 (a) 无粒子 (b) 有粒子

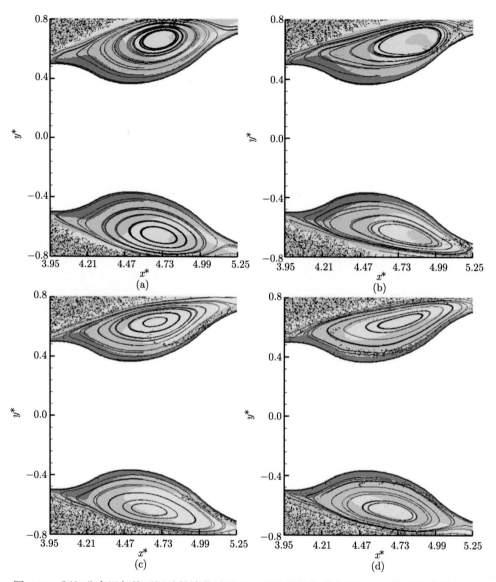

图 4.27 腰部分离涡与粒子运动的演化过程 (a) 无粒子从分离点进入 (b) 粒子初步进入 (c)
粒子进入壁面附近中部 (d) 分离涡壁面附近均有粒子

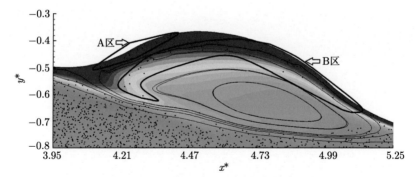

图 4.28　准定常分离涡内粒子的来源

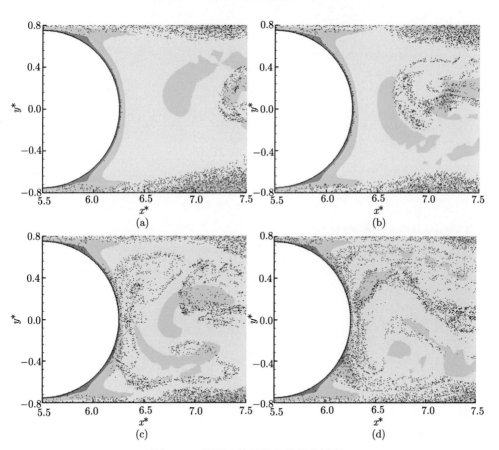

图 4.29　近尾迹粒子运动的演化过程

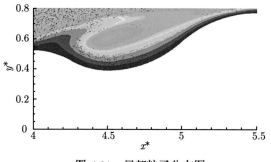

图 4.31 局部粒子分布图

图 6.4 碳纳米管间的热驱动

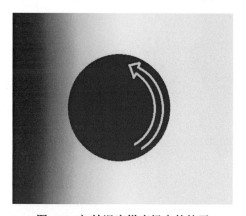

图 6.6 初始温度梯度场中的粒子

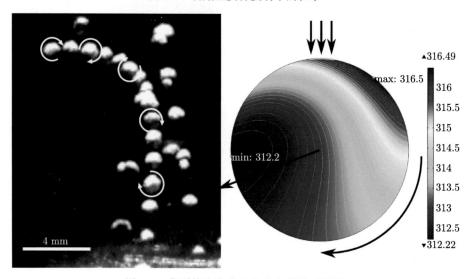

图 6.9 典型的光泳力和光方向偏移对比图